W0347999

Karsten Paul

Die Welt: Afrika, Amerika, Asien, Australien

Arbeitsheft zur Erdkunde

2. Auflage

Bestellnummer 0177A

Bildungsverlag EINS

Inhaltsverzeichnis

Seite

1. Die Welt 3
- Kontinente und Meere ... 4
- Ozeane ... 5

2. Afrika 6
- Ägypten ... 9
- Kenia ... 10
- Südafrika ... 11
- Wiederholungsseite ... 12

3. Nordamerika und Mittelamerika 13
- Kanada ... 16
- Vereinigte Staaten v. Amerika ... 17
- Mexiko ... 18
- Wiederholungsseite ... 19

4. Südamerika 20
- Brasilien ... 23
- Chile ... 24
- Kolumbien ... 25
- Wiederholungsseite ... 26

5. Asien 27
- Russland ... 30
- China ... 31
- Indien ... 32
- Japan ... 33
- Mit der Bahn durch Asien ... 34
- Wiederholungsseite ... 35

Seite

6. Australien und Ozeanien 36
- Wiederholungsseite ... 39

7. Antarktis 40

8. Grundfragen zur Erdkunde und Spielmöglichkeiten 42
- Olympia und die Kontinente ... 43
- Steckbrief Kontinent ... 44
- Die größten Städte der Welt ... 45
- Weltmeere ... 46
- Die höchsten Berge der Welt ... 47
- Die längsten Flüsse der Welt ... 48
- Bevölkerungsdichte ... 49
- Die Welt in Schlagzeilen ... 50

- Flaggen-Quiz ... 51
- Wo bin ich? – Ein Ratespiel ... 52
- Eine Fahrt mit der Transsibirischen Eisenbahn ... 54

1 Die Welt

Kontinente und Meere

Die Erdoberfläche besteht aus Land und Wasser und hat eine gesamte Fläche von 510 Mio. km². Der Anteil der Landfläche an der Gesamtfläche entspricht ungefähr 29 %, er beträgt etwa 148,9 Mio. km². Die Landfläche verteilt sich auf Kontinente und Inseln. Amerika besteht aus zwei Kontinenten, Nord- und Südamerika. Der Rest der Erdoberfläche verteilt sich auf die Meere.

1. Berechne:
Wie hoch ist der Anteil der Wasserfläche? ____________ Mio. km² = ____________ %

Die gesamte Wasserfläche verteilt sich auf den
- Pazifischen Ozean = 47 %
- Atlantischen Ozean = 24 %
- Indischen Ozean = 20 %
- Antarktischen Ozean = 5 %
- Arktischen Ozean = 4 %

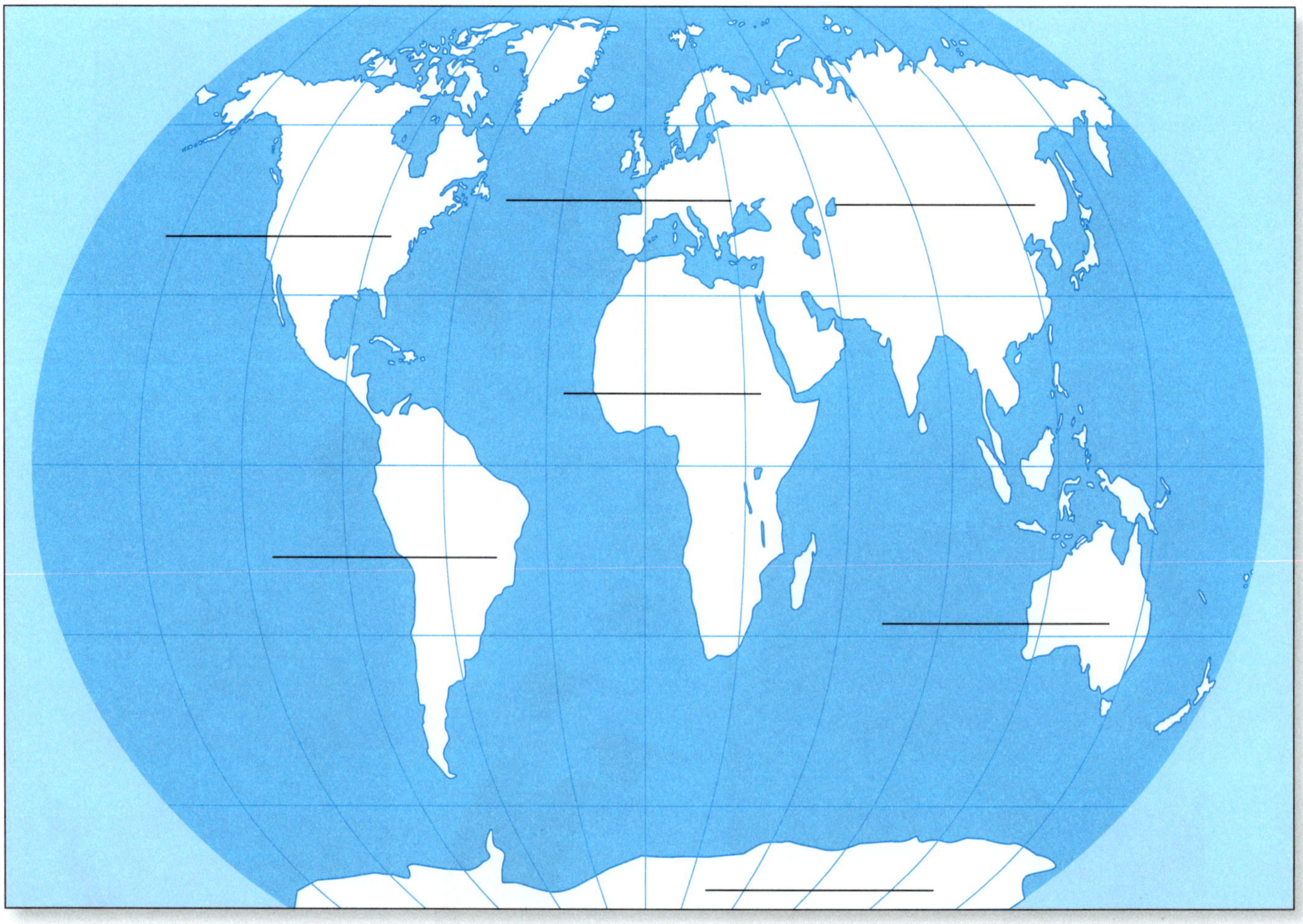

2. Trage die Namen der Kontinente in die Karte ein und male sie farbig aus.
- Afrika: braun
- Europa: blau
- Asien: gelb
- Nordamerika: rot
- Australien: hellgrün
- Südamerika: dunkelgrün
- Antarktis: grau

Ozeane

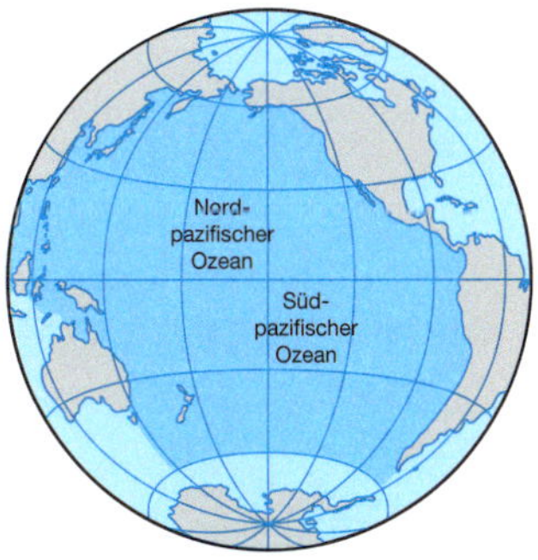

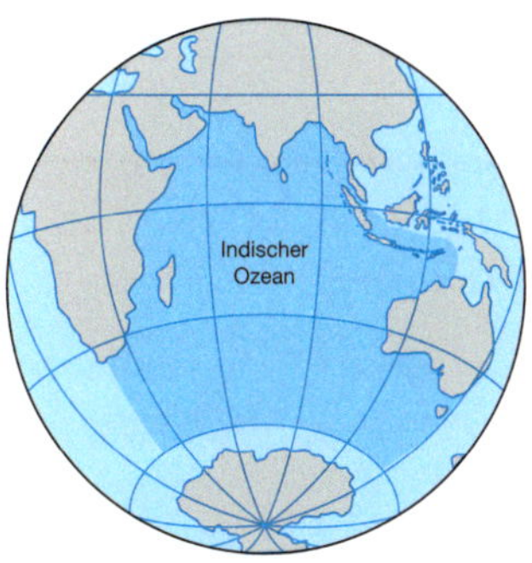

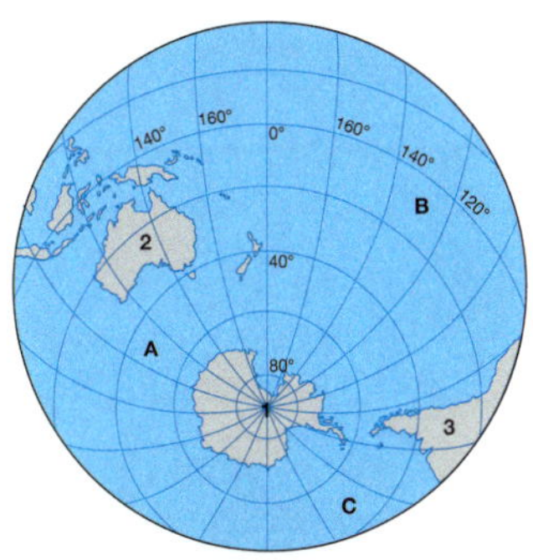

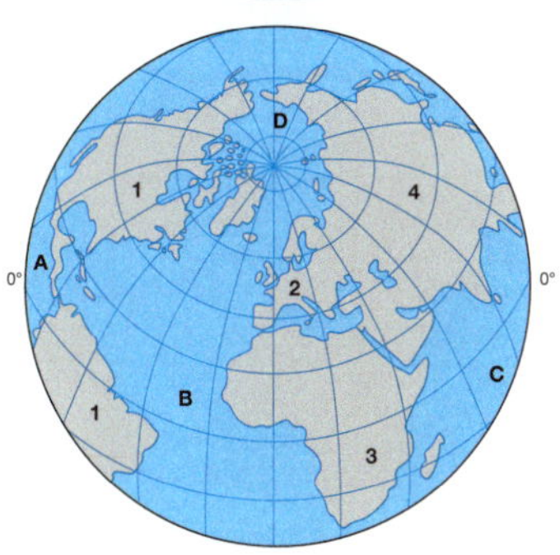

Der Pazifische Ozean ist das größte und tiefste Weltmeer.
Er hat die meisten Randmeere.

1. Ergänze die Namen der folgenden Randmeere. Schaue im Atlas nach.

B ____________ meer; Golf von ________ as ________ a;

Ochots ____________ Meer; J ______ p ________ isches ______ eer;

Süd ____________ esisches Meer; Ostch ____________ sisches Meer.

Der Atlantische Ozean wird wegen seiner Nord-Süd-Ausrichtung in den Nord- und den Südatlantik unterteilt.

2. Welche Kontinente trennt der Atlantik?

____________________ und ____________________

von ____________________ und ____________________

3. Zwischen welchen Kontinenten liegt der Indische Ozean?

____

____

4. Welche Inselstaaten liegen im Indischen Ozean?

a) ____________________ b) ____________________

c) ____

Der Name „Antarktischer Ozean“ wurde im Jahre 2000 von der Internationalen Hydrografischen Organisation (IHO) offiziell beschlossen. Der Ozean heißt auch Südpolarmeer.

5. Welchen Kontinent umschließt er?

____

Der Arktische Ozean ist überwiegend von Eis bedeckt.
Mit dem Pazifik ist er durch die Beringstraße verbunden.

6. Zwischen welchen Ländern ist er mit dem Atlantik verbunden?

____

7. Wie wird der Arktische Ozean auch genannt?

____

2 Afrika

Afrika

Fläche:	30 300 000 km²
Einwohnerzahl:	675 000 000
Höchster Berg:	Kilimandscharo (5 895 m)
Längster Fluss:	Nil (6 671 km)
Sprachen:	Suaheli, Arabisch, Zulu und viele andere

Afrika ist nach Asien der zweitgrößte Kontinent. Er ist in insgesamt 53 Staaten unterteilt. Der Kontinent ist fast komplett von Wasser umgeben. Nur der Sinai zwischen Nordafrika und der Arabischen Halbinsel bildet eine Landverbindung zu Asien.

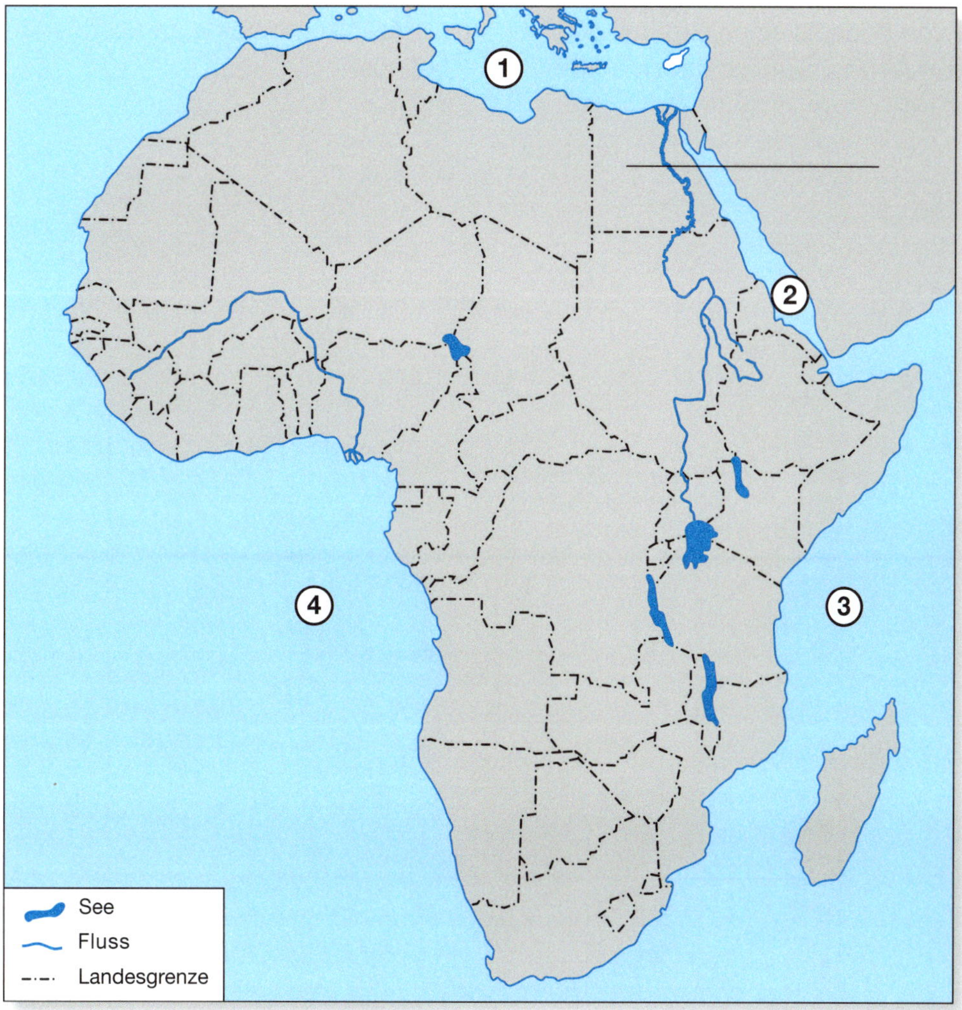

1. Schreibe die Namen der Meere neben die Ziffern.

① ______________________________

② ______________________________

③ ______________________________

④ ______________________________

2. Kennzeichne die Landverbindung zwischen Afrika und Asien durch das Wort „Sinai“.

Afrika

Der afrikanische Kontinent wird in das nördliche Afrika und das südliche Afrika, auch Schwarzafrika genannt, unterteilt. Die Wüste Sahara trennt beide Regionen voneinander. Die Sahara ist die größte Wüste der Welt und bedeckt einen Großteil des nördlichen Drittels Afrikas. Südlich davon erstrecken sich Grasland und Savannen. Nördlich und südlich des Äquators liegt der tropische Regenwald. Die Wüsten Kalahari und Namib liegen ganz im Süden Afrikas, während sich die Libysche und die Arabische Wüste im Nordosten des Kontinents befinden.

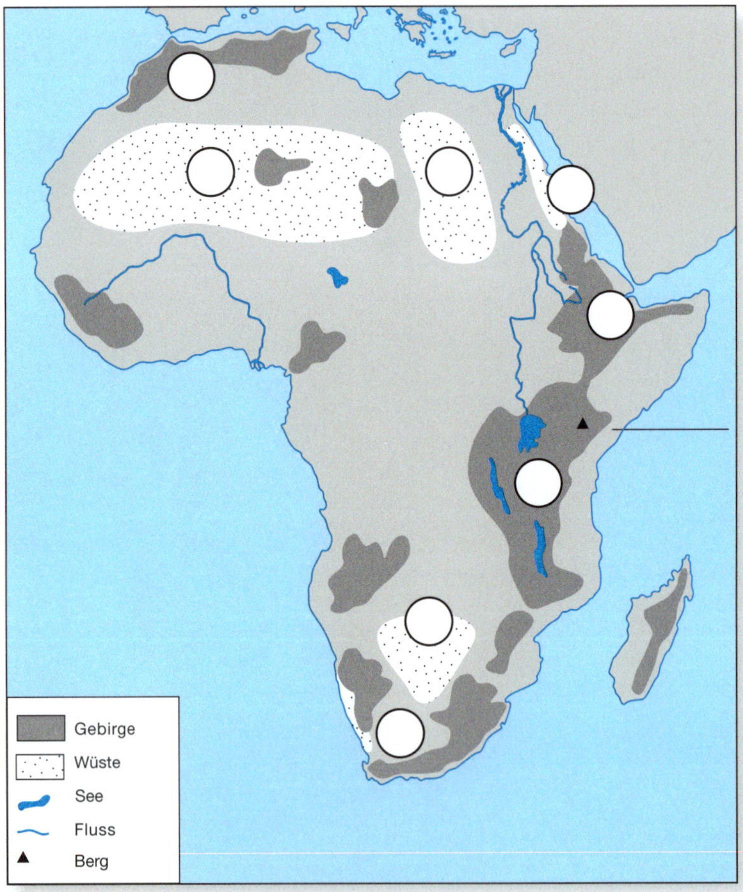

1. Trage die Ziffern der Wüstengebiete in die Umrisskarte ein:

1 Sahara 2 Libysche Wüste 3 Arabische Wüste 4 Namib Wüste 5 Kalahari

2. Zeichne den Äquator ein.

3. Kennzeichne den tropischen Regenwald grün.

4. Schreibe **A** für Atlasgebirge, **B** für das Hochland von Äthiopien und **C** für das Ostafrikanische Seenhochland in die Karte.

5. Kennzeichne den höchsten Berg Afrikas durch die Höhenangabe in Meter.

Ägypten

Fläche:	**1 002 000 km²**
Einwohnerzahl:	**74 003 000**
Hauptstadt:	**Kairo**
Grenzländer:	**Israel (266 km Grenze), Libyen (1 115 km Grenze), Sudan (1 273 km Grenze)**

Ägypten liegt auf zwei Kontinenten. Die Halbinsel Sinai gehört zu Asien.
Das Land ist dreimal so groß wie die Bundesrepublik Deutschland. Aber 96 % des Landes sind Wüste.

Ägypten gliedert sich in fünf Großlandschaften:

- Nildelta (von Kairo bis zum Mittelmeer) = A
- Niltal = B
- Libysche Wüste (umfasst 2/3 des Landes, hier liegen alle Oasen) = C
- Arabische Wüste (erreicht eine Höhe von 1000 m bis 2000 m) = D
- Halbinsel Sinai (Verbindung zwischen Afrika und Asien) = E

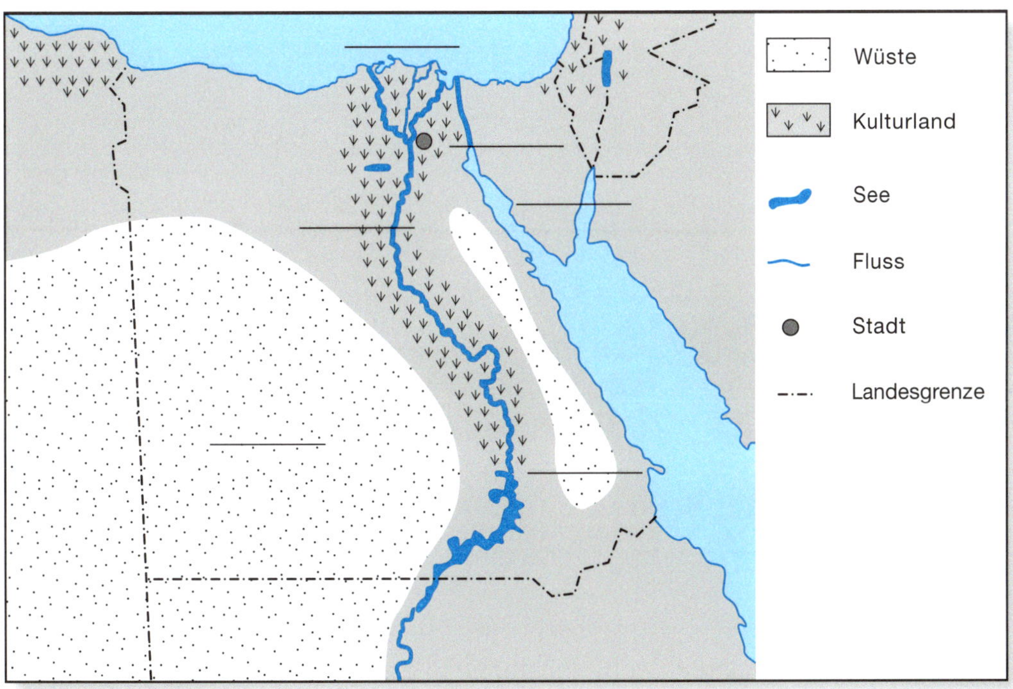

1. Trage die Großlandschaften in die Karte ein. Benutze dazu die Großbuchstaben.

2. Schreibe den Namen der Hauptstadt in die Karte.

3. Auf welchen beiden Kontinenten liegt Ägypten?

____________________ und ____________________

4. Wie heißt das Meer im Norden des Landes? ____________________

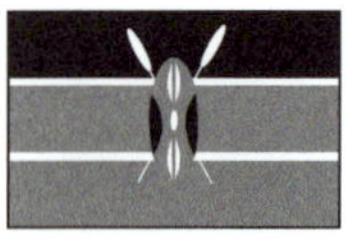

Kenia

Fläche:	582 000 km²
Einwohner-zahl:	34 256 000
Hauptstadt:	Nairobi
Grenzländer:	Äthiopien (861 km Grenze), Somalia (682 km Grenze), Sudan (232 km Grenze), Tansania (769 km Grenze), Uganda (933 km Grenze)

Kenia lässt sich grob in vier Großlandschaften gliedern:
- Küstenstreifen = A
- Zentrales Plateau = B
- Hochland = C
- Viktoriasee-Becken = D

Kenia hat zwei große Seen. Der salzhaltige Turkanasee (2) liegt im Norden. Der Viktoriasee (1) im Westen des Landes ist der zweitgrößte Süßwassersee der Welt.

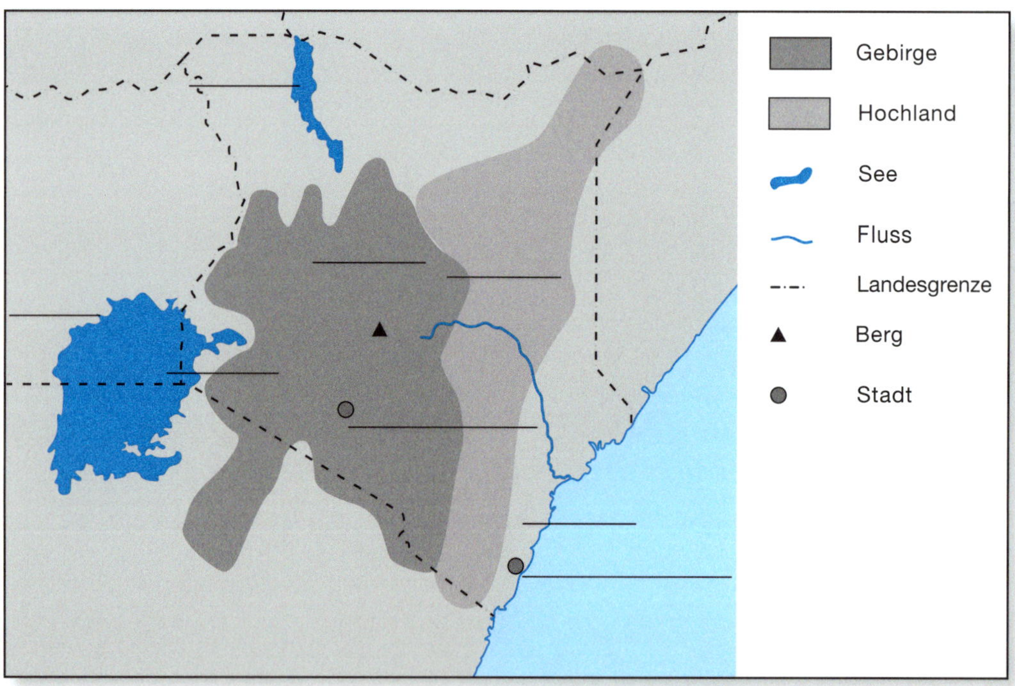

1. Trage die Großlandschaften mit ihren Großbuchstaben in die Karte ein.

2. Schreibe die Ziffern der Seen in die Karte.

3. Wie heißen die Nachbarstaaten Kenias? ______________________________

____

4. Trage die Namen der beiden Städte in die Karte ein.

5. Welche anderen Länder haben Anteil am Viktoriasee? ______________________________

____

Südafrika

Fläche:	1 219 912 km²
Einwohnerzahl:	47 850 700
Hauptstadt:	Pretoria
Grenzländer:	Namibia (967 km Grenze), Botswana (1 840 km Grenze), Simbabwe (225 km Grenze), Mosambik (491 km Grenze), Swasiland (430 km Grenze)

Das Königreich Lesotho wird ganz von Südafrika umschlossen.
Dies nennt man Enklave.
Südafrika liegt zwischen zwei Weltmeeren. Beide treffen sich am Kap. Das Highveld, eine Hochebene, nimmt den größten Teil des Landes ein.

Im Norden zu Namibia und Botswana hin liegt die Halbwüste Kalahari. Im Osten des Landes befinden sich die Drakensberge. Hier entspringen die beiden größten Flüsse Vaal und Oranje.

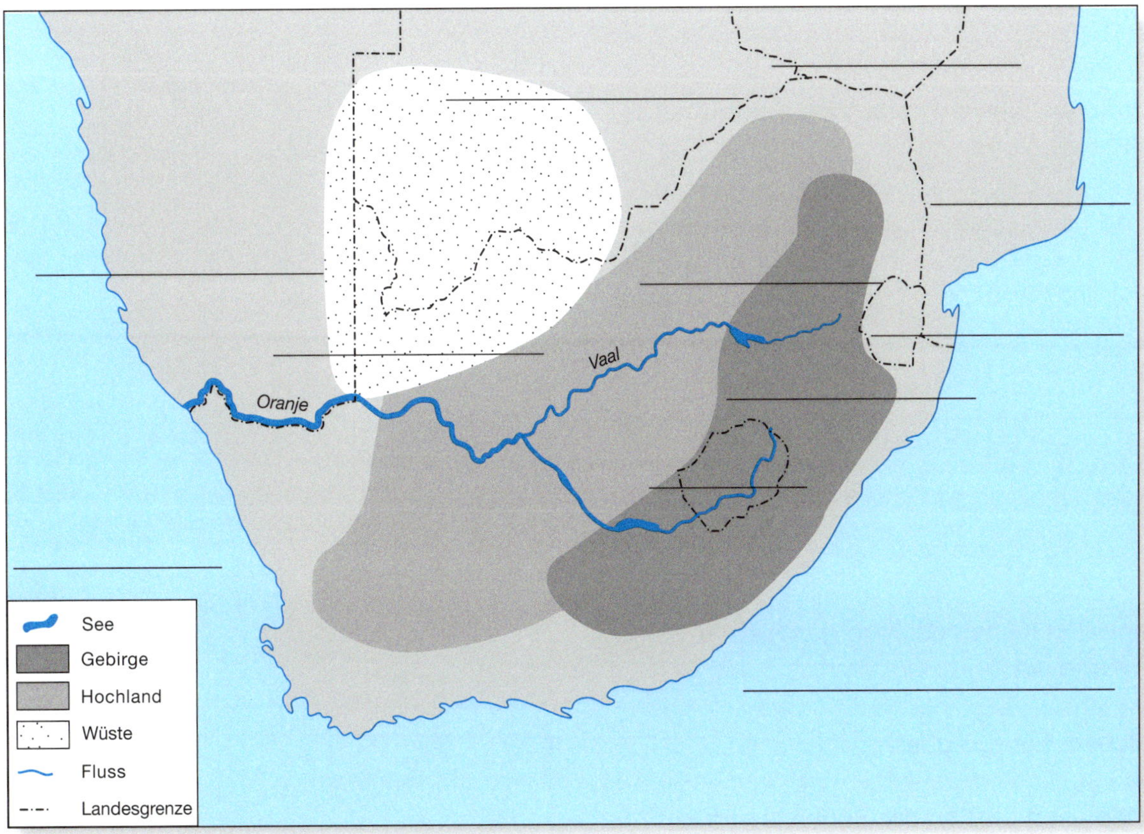

1. Trage die beiden Weltmeere in die Karte ein.
2. Beschrifte die Nachbarländer von West nach Ost sowie die Enklave.
3. Schreibe die Landschaftsformen Highveld – Kalahari – Drakensberge in die Karte.
4. Wie heißen die beiden größten Flüsse Südafrikas?

Was weißt du noch über Afrika?

1. Was erkennst du auf dem Kartenausschnitt wieder?

Land/Länder: ______________________

Meere: ______________________

Fluss/Flüsse: ______________________

Stadt: ______________________

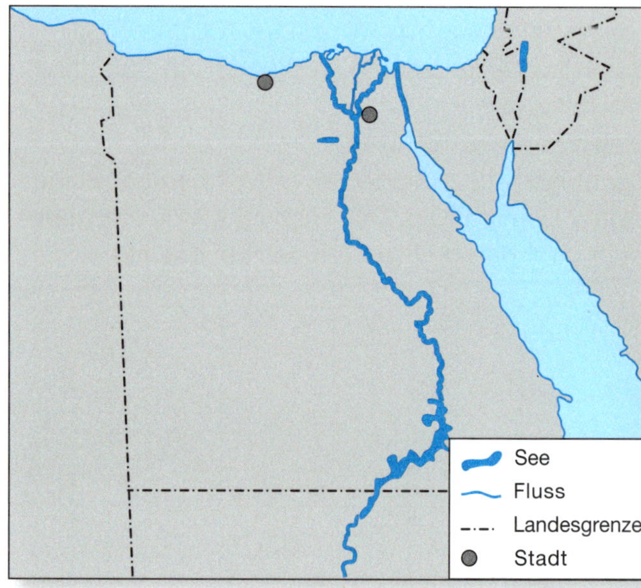

2. Du kannst zwei Städte erkennen. Kennzeichne die Hauptstadt mit dem Anfangsbuchstaben.

3. Male den Viktoriasee und den Turkanasee blau.

4. Welche drei Länder besitzen Anteile am Viktoriasee?

1. ______________________

2. ______________________

3. ______________________

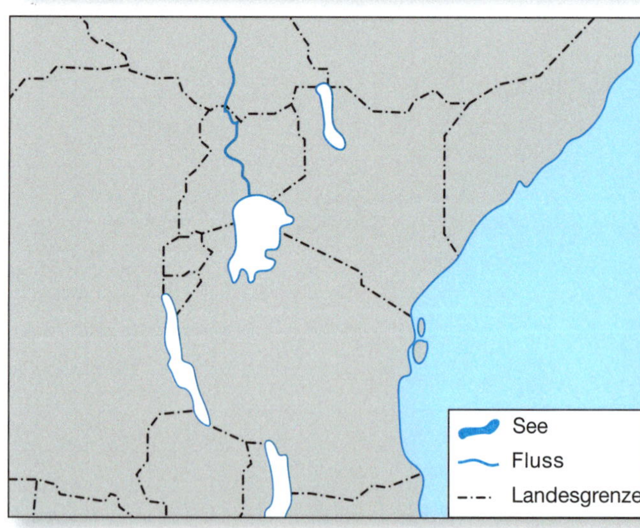

5. Zeichne den Kilimandscharo durch ein Kreuz (x) in die Karte ein.

6. In welchem Land liegt er? ______________________

7. Welches Land liegt an der Südspitze Afrikas?

____

8. Kennzeichne es in der Karte mit der Zahl (1).

Mosambik (2), Zimbabwe (3), Namibia (4) und Botswana (5) sind Nachbarländer.
Ordne die Zahlen den entsprechenden Ländern in der Karte zu.

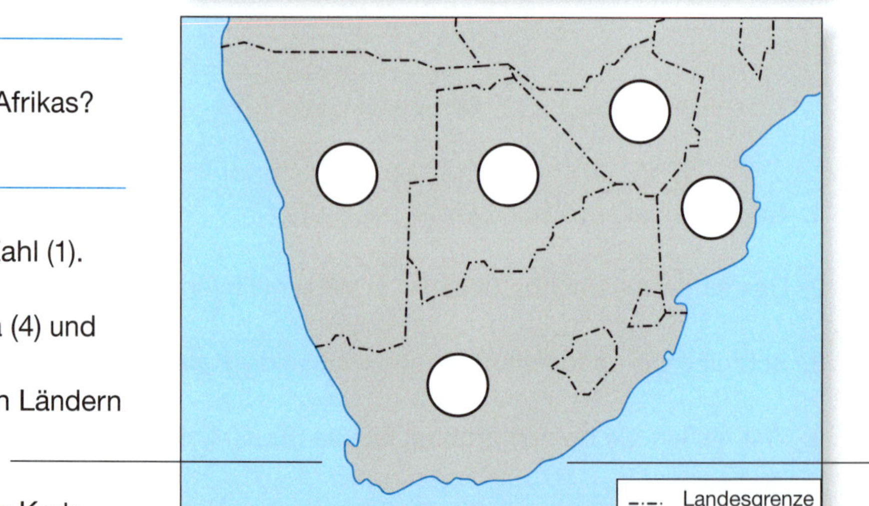

9. Schreibe die Namen der Ozeane in die Karte.

3 Nordamerika und Mittelamerika

Nordamerika und Mittelamerika

Fläche:	**23 500 000 km^2**
Einwohnerzahl:	**ca. 500 000 000**
Höchster Berg:	**Mount McKinley (6 198 m)**
Längster Fluss:	**Missouri-Mississippi (6 020 km)**
Hauptsprachen:	**Englisch, Französisch, Spanisch**

Amerika ist ein Doppelkontinent. Er besteht aus Nord- und Südamerika. Mittelamerika ist kein eigenständiger Kontinent. Es gehört zu Nordamerika und bildet die Brücke zwischen den beiden Teilen des Doppelkontinents.
Zu Nordamerika zählen Kanada, die USA, ein Teil von Mexiko und Grönland.

Mittelamerika setzt sich neben Mexiko aus sieben kleinen Staaten zusammen. Sie alle grenzen ans Meer.
Die karibischen Inseln erstrecken sich von der Ostküste Mexikos bis nach Südamerika. Kuba und Hispaniola, deren Ostteil die Dominikanische Republik und deren Westteil Haiti bildet, sind die größten Inseln.

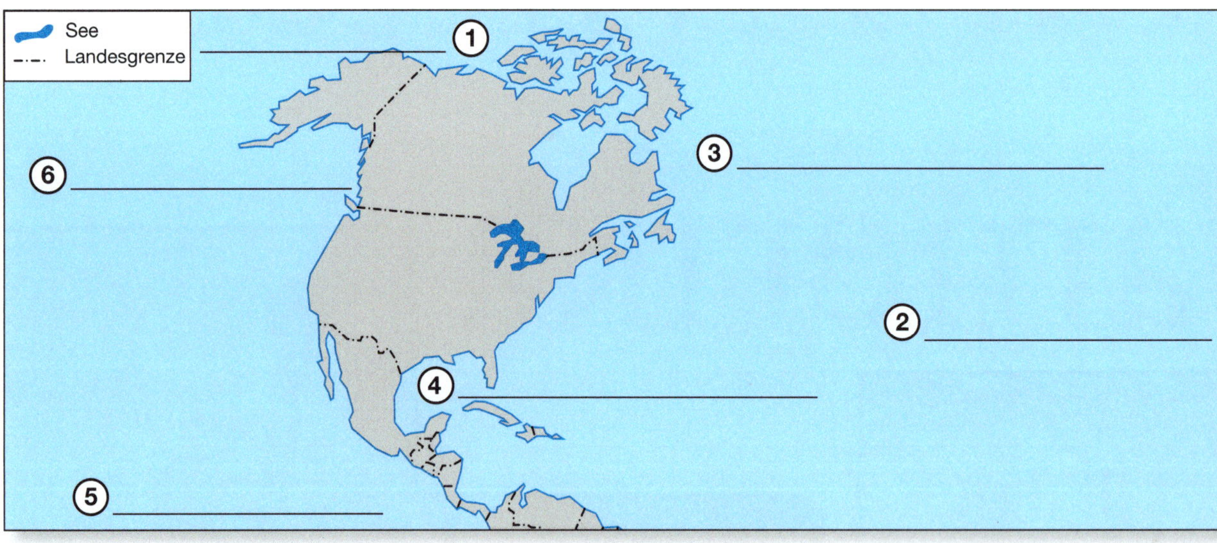

1. Nord- und Mittelamerika sind umgeben von Meeren. Schreibe ihre Namen neben die Ziffern in der Karte.

2. Trage die folgenden Länder in die Karte ein:

   USA (A), Kanada (B), Mexiko (C)

3. Beschrifte die Karibischen Inseln. Kennzeichne Kuba (D) und Hispaniola (E).

Nordamerika und Mittelamerika

Entlang der gesamten Westküste Amerikas verläuft eine riesige Gebirgskette. Sie beginnt in Alaska und endet an der Südspitze Südamerikas. In Nordamerika heißt die Gebirgskette Rocky Mountains. Zwischen Kanada und den USA liegen die größten Seen des Kontinents: Oberer See (1), Michigansee (2), Huronsee (3), Eriesee (4) und Ontariosee (5).
Die Hudson Bay ist ein flaches, tief ins Landesinnere eindringendes Binnenmeer in Kanada (6). Sie ist mit dem nördlichen Atlantik verbunden.

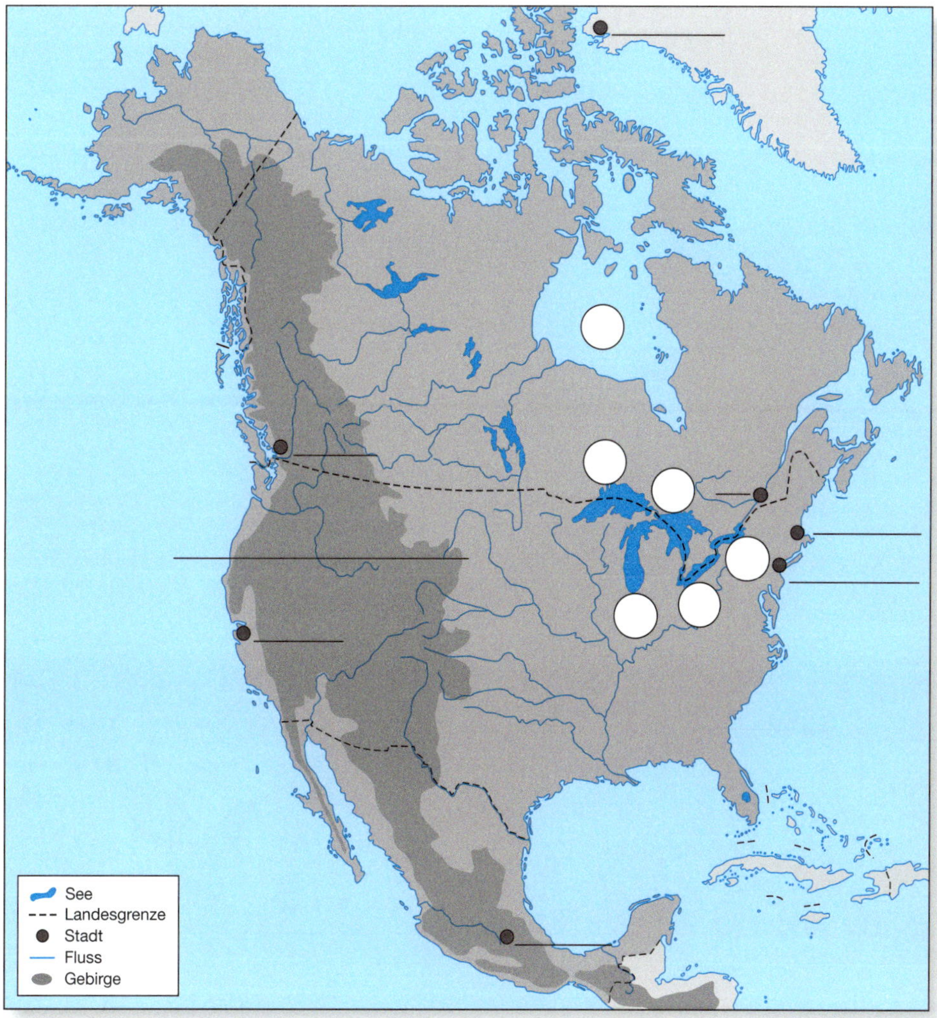

1. Schreibe den Namen der Gebirgskette in die Karte.

2. Kennzeichne die fünf größten Seen des Kontinents und die Hudson Bay durch die richtigen Ziffern.

3. Beschrifte die folgenden Städte mit den entsprechenden Kennbuchstaben:
Thule (A), Montreal (B), Boston (C), New York (D), Mexiko-Stadt (E), San Francisco (F), Vancouver (G)

Kanada

Fläche:	**9 984 670 km²**
Einwohnerzahl:	**33 098 932**
Hauptstadt:	**Ottawa**
Grenzländer:	**USA (8 890 km Grenze)**

Kanada ist flächenmäßig nach Russland das zweitgrößte Land der Erde. Es grenzt im Norden an den Arktischen Ozean, im Osten an den Atlantischen Ozean und im Westen an den Pazifischen Ozean. Der einzige Nachbar auf dem nordamerikanischen Kontinent sind die USA.

Im Westen des Landes liegen mit den Rocky Mountains und der Küstengebirgskette am Pazifischen Ozean die beiden größten Gebirgsregionen.
Der höchste Berg ist der Mount Logan mit 5 959 m.

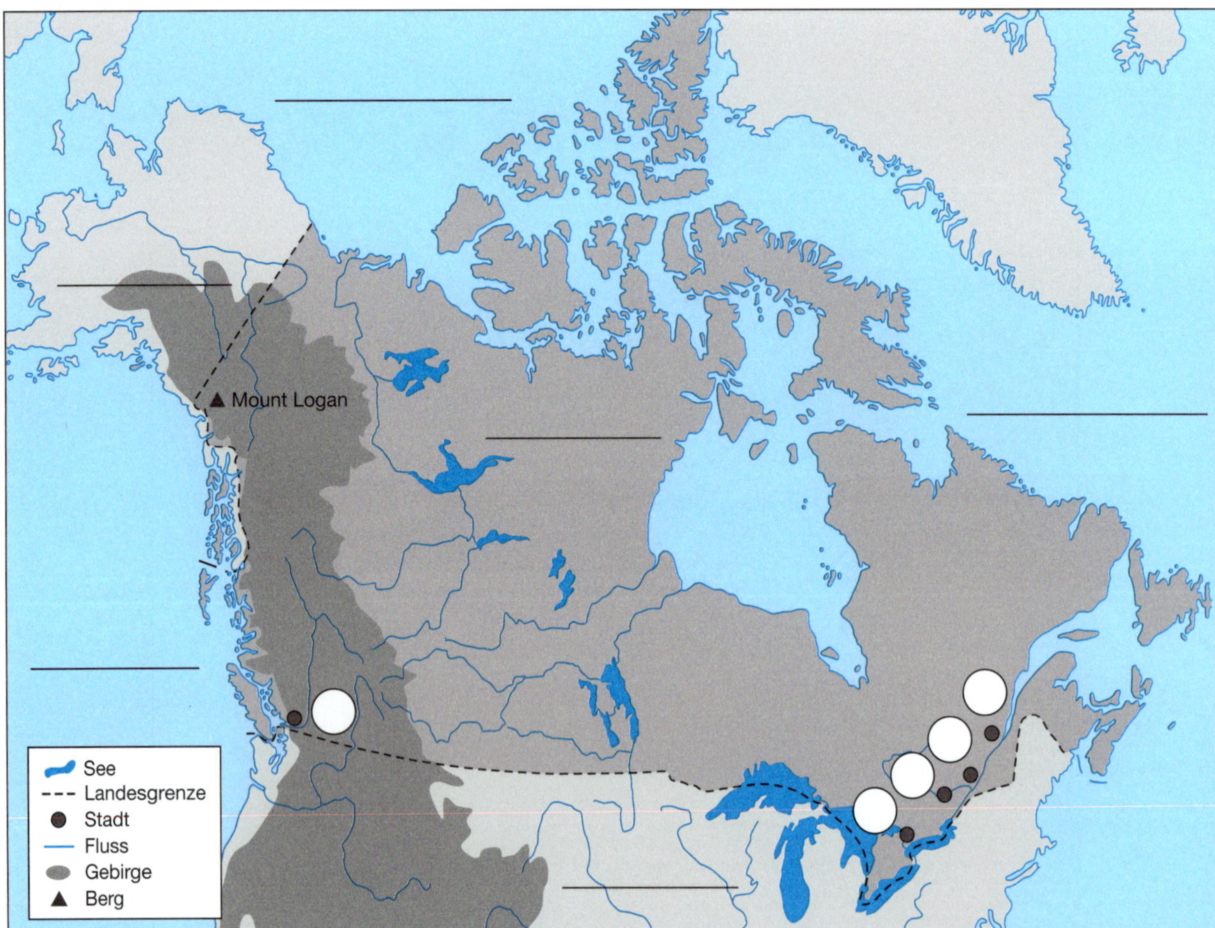

1. Trage die drei Ozeane in die Karte ein.

2. Schreibe die Ländernamen Kanada und USA in die Karte.

3. Beschrifte die Städte Ottawa (1), Montreal (2), Toronto (3), Quebec (4) und Vancouver (5) mit ihren Zahlen in der Karte.

4. Welches Land ist flächenmäßig größer als Kanada? ____________________

Vereinigte Staaten von Amerika (USA)

Fläche:	9 631 420 km²
Einwohnerzahl:	298 444 215
Hauptstadt:	Washington, D.C.
Grenzländer:	Kanada (8 893 km Grenze), Mexiko (3 141 km Grenze)

Die Vereinigten Staaten von Amerika sind flächenmäßig nach Russland und Kanada der drittgrößte Staat der Erde.

Das Land hat drei natürliche Grenzen. Im Westen liegt der Pazifische Ozean, im Osten grenzt es an den Atlantischen Ozean und im Süden an den Golf von Mexiko.

Die USA weisen landschaftlich sehr viele Großräume auf. Die Atlantische Küstenebene (A) im Osten ist etwa 300 km breit. Danach folgt das Gebirge der Apalachen (B). Westlich davon schließt sich das Zentrale Tiefland (C) an. Ihm folgt die Hochebene der Great Plains (D).
Danach kommt die gewaltige Gebirgskette der Rocky Mountains (E). Den Abschluss im Westen bilden das Große Becken (F) und das Küstengebirge (G).

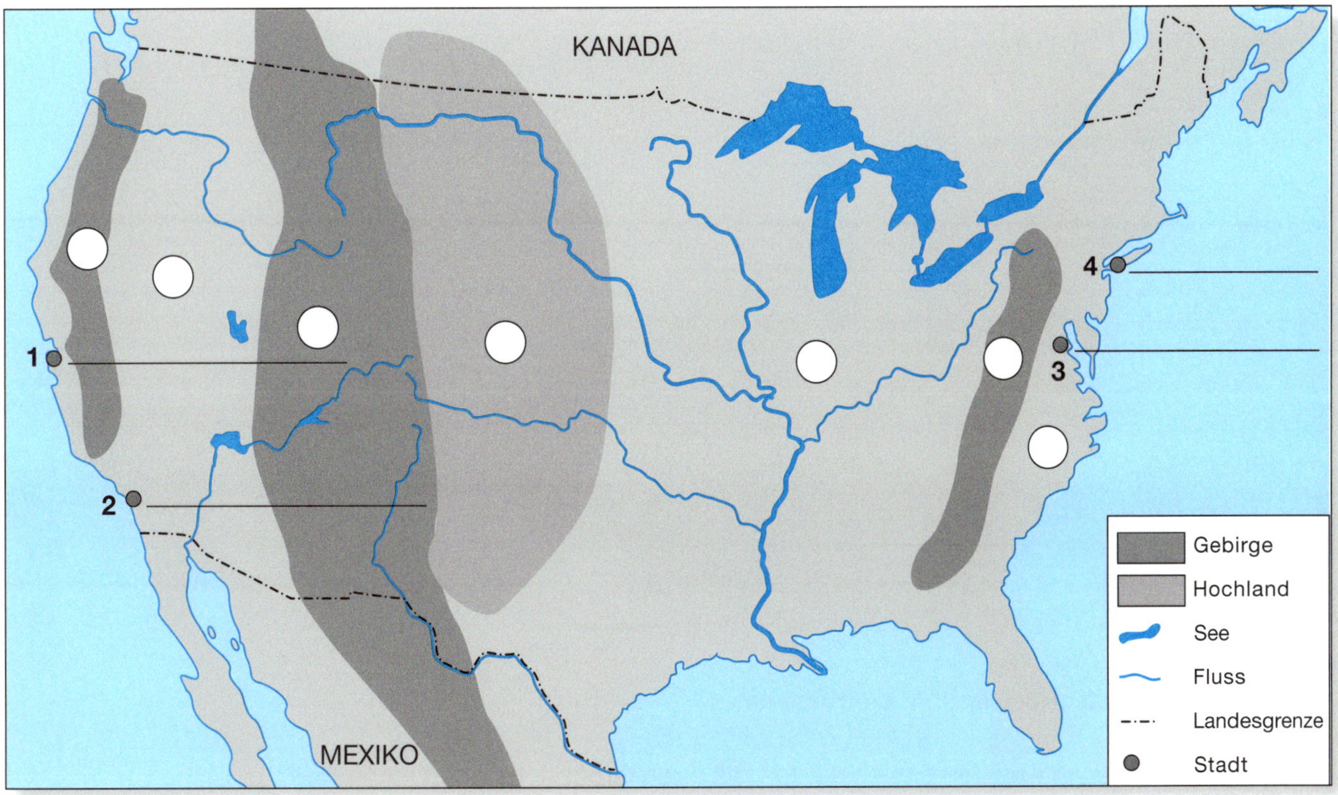

1. Trage die Namen der Großräume mit den Großbuchstaben in die Karte ein.

2. Benenne die vier Städte und trage sie in die Karte ein.

Mexiko

Fläche:	**1 972 550 km²**
Einwohnerzahl:	**107 449 525**
Hauptstadt:	**Mexiko-Stadt**
Grenzländer:	**USA (3 141 km Grenze), Guatemala (962 km Grenze), Belize (250 km Grenze)**

Mexiko grenzt im Westen an den Pazifischen Ozean und im Osten an den Golf von Mexiko und das Karibische Meer.

Zu den Großräumen Mexikos zählt das Hochland von Mexiko. Es wird von zwei Gebirgsketten eingerahmt. Es sind dies die Westliche Sierra Madre (A) und die Östliche Sierra Madre (B). Dort, wo sich die beiden Gebirgsketten im Süden vereinen, befindet sich ein Gebiet mit Vulkanen.

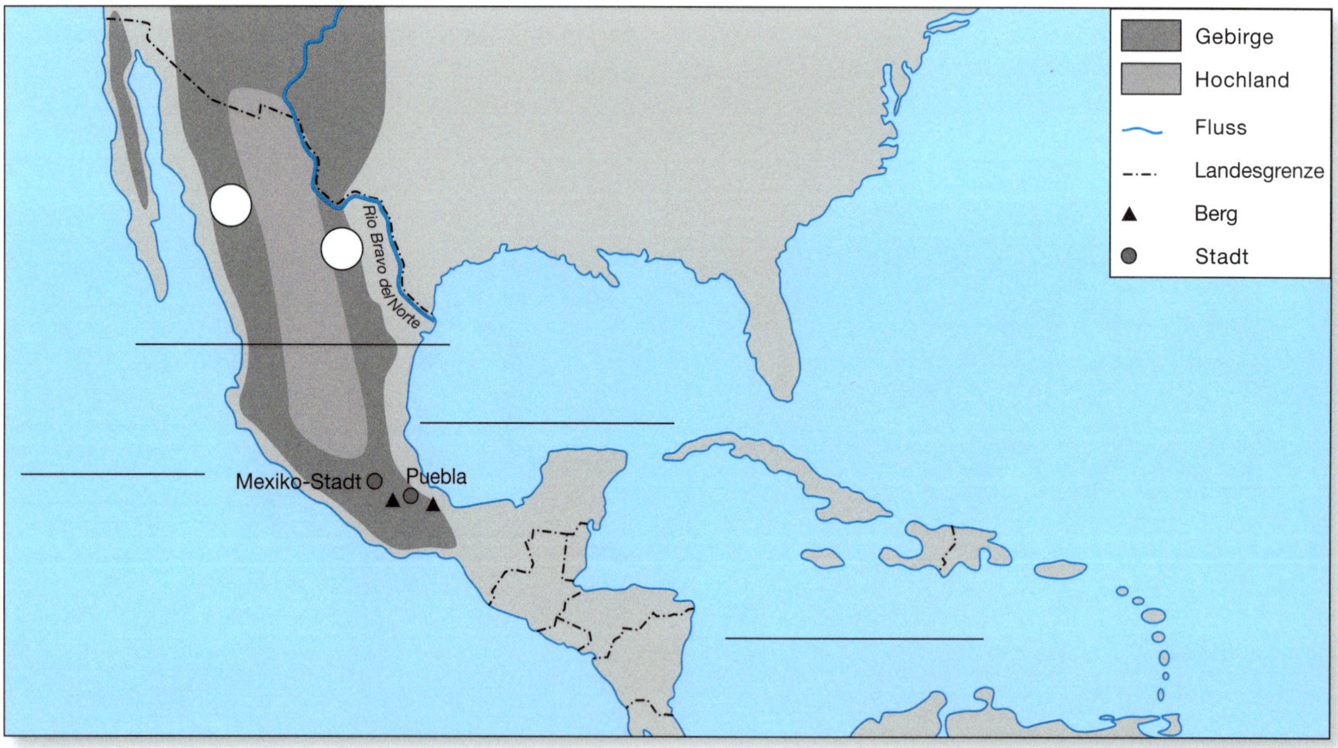

1. Trage den Begriff „Hochland" in die Karte ein.

2. Trage die Namen der beiden Gebirgsketten mit ihren Großbuchstaben in die Karte ein.

3. Beschrifte die Karte mit den Meeren, die Mexiko begrenzen.

4. Welche Länder grenzen im Süden bzw. Südosten an Mexiko? ______________________________

____

Was weißt du noch über Nord- und Mittelamerika?

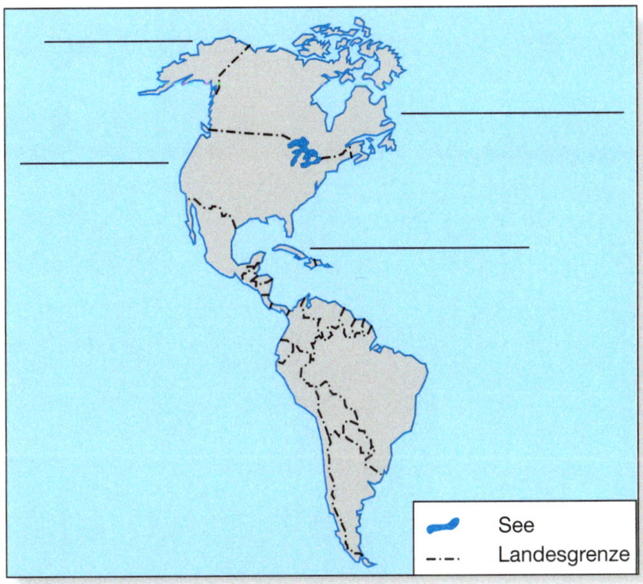

1. Amerika ist ein Doppelkontinent.
Wie heißen die beiden Kontinente?

____

2. Was bildet die Brücke zwischen diesen beiden Kontinenten?

____

3. Welche Länder liegen auf dem nordamerikanischen Kontinent?

____

____

4. Welche Meere umgeben Nordamerika?
Trage sie in die Karte ein.

5. Wie heißen die beiden größten Inseln der Karibischen Inselgruppe?

____

____

6. Wie heißt die Gebirgskette im Westen der USA? Trage den Namen in die Karte ein.

7. Wo beginnt sie? ______________________________

8. Wie heißt der höchste Berg in Kanada?

____

9. Wie heißen die beiden Gebirgsketten Mexikos, die das Hochland einrahmen?

____

____

4 Südamerika

Südamerika

Fläche:	**18 000 000 km²**
Einwohnerzahl:	**ca. 367 000 000**
Höchster Berg:	**Aconcagua (6 959 m)**
Längster Fluss:	**Amazonas (ca. 6 500 km)**
Hauptsprachen:	**Spanisch, Portugiesisch**

Zu Südamerika zählen zwölf Staaten und das zu Frankreich gehörende Überseegebiet Französisch-Guayana.

Südamerika ist nur von zwei großen Weltmeeren umgeben.
Die Falklandinseln im Atlantischen Ozean gehören zu Großbritannien.

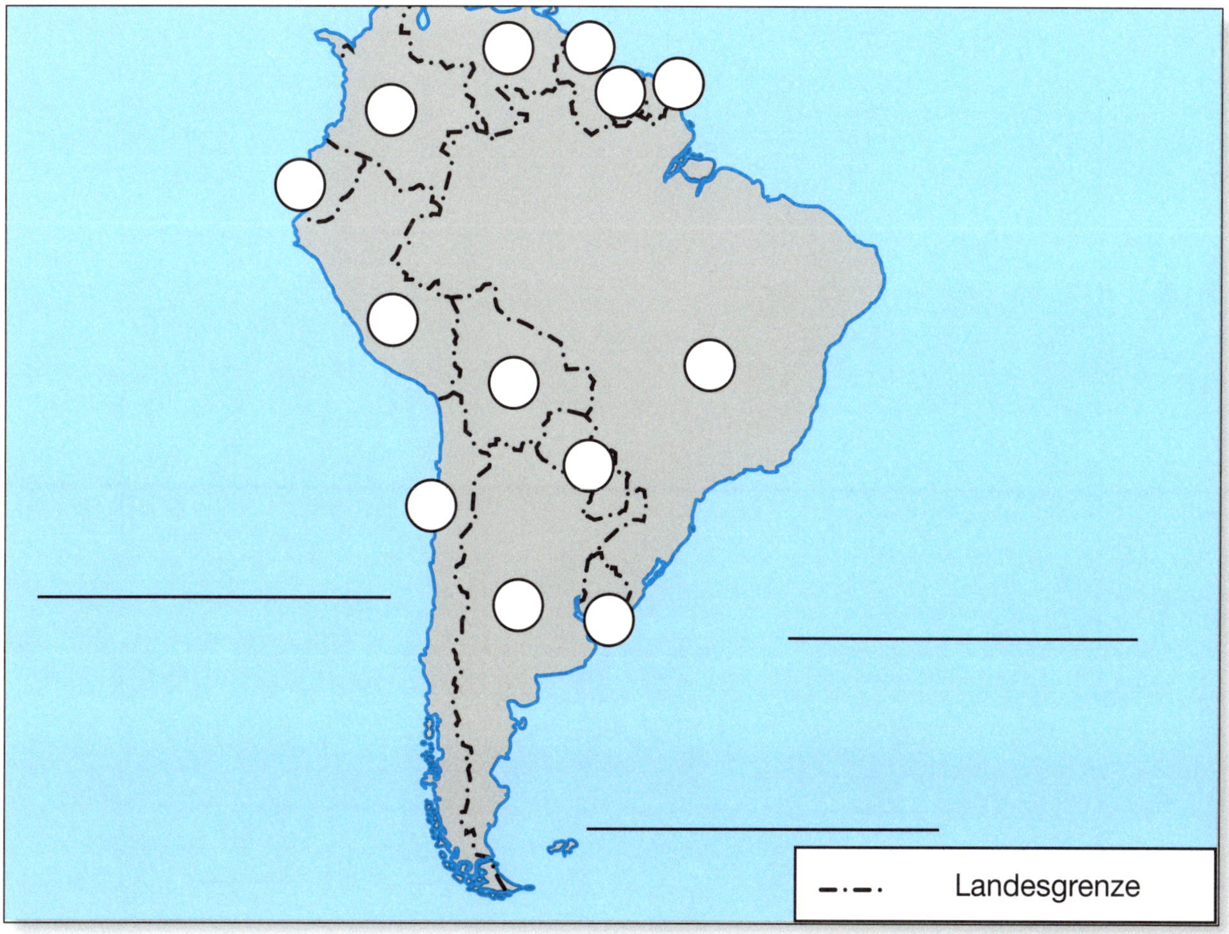

1. Trage die folgenden Staaten mit ihren Ziffern in die Karte ein: Argentinien (1), Bolivien (2), Brasilien (3), Chile (4), Ecuador (5), Guayana (6), Kolumbien (7), Paraguay (8), Peru (9), Suriname (10), Uruguay (11), Venezuela (12), Französisch-Guayana (13).

2. Schreibe die zwei Weltmeere in die Karte.

3. Beschrifte die Falklandinseln.

Südamerika

An der gesamten Westküste Südamerikas ziehen sich die Anden entlang. Sie sind die Verlängerung der Gebirgskette aus Nordamerika. Hier liegt auch der höchste Berg Südamerikas. Der größte Teil des Kontinents besteht allerdings aus tropischem Regenwald. Das Amazonasbecken mit dem längsten Fluss Südamerikas ist das bekannteste Gebiet. Feuerland, die südlichste Spitze Südamerikas, wird vom Festland durch die Magellanstraße abgetrennt.

1. Schreibe den Namen der Gebirgskette in die Karte.

2. Beschrifte den höchsten Berg mit der Höhenangabe in Metern.

3. Trage den Begriff „Amazonasbecken“ in die Karte ein.

4. Beschrifte die Insel Feuerland.

5. Kennzeichne die Magellanstraße durch den Namenszug.

Brasilien

Fläche:	**8 511 965 km²**
Einwohnerzahl:	**188 078 227**
Hauptstadt:	**Brasília**
Grenzländer:	**Argentinien (1 261 km Grenze), Bolivien (3 423 km Grenze), Kolumbien (1 644 km Grenze), Französisch-Guayana (730 km Grenze), Guayana (1 606 km Grenze), Paraguay (1 365 km Grenze), Peru (2 995 km Grenze), Uruguay (1 068 km Grenze), Venezuela (2 199 km Grenze)**

Brasilien ist flächenmäßig das fünftgrößte Land der Erde. Die Ausdehnung von Norden nach Süden ist etwa so groß wie die Entfernung vom Nordkap bis zur Südspitze Spaniens. Von Westen nach Osten entspricht die Ausdehnung etwa der Entfernung von der französischen Atlantikküste bis zum Ural. Der Erdteil Europa passt also in das ganze Land Brasilien hinein.

Brasilien gliedert sich in drei Großräume: Das Bergland von Guayana (A), das Amazonasbecken (B) und das Brasilianische Bergland (C).

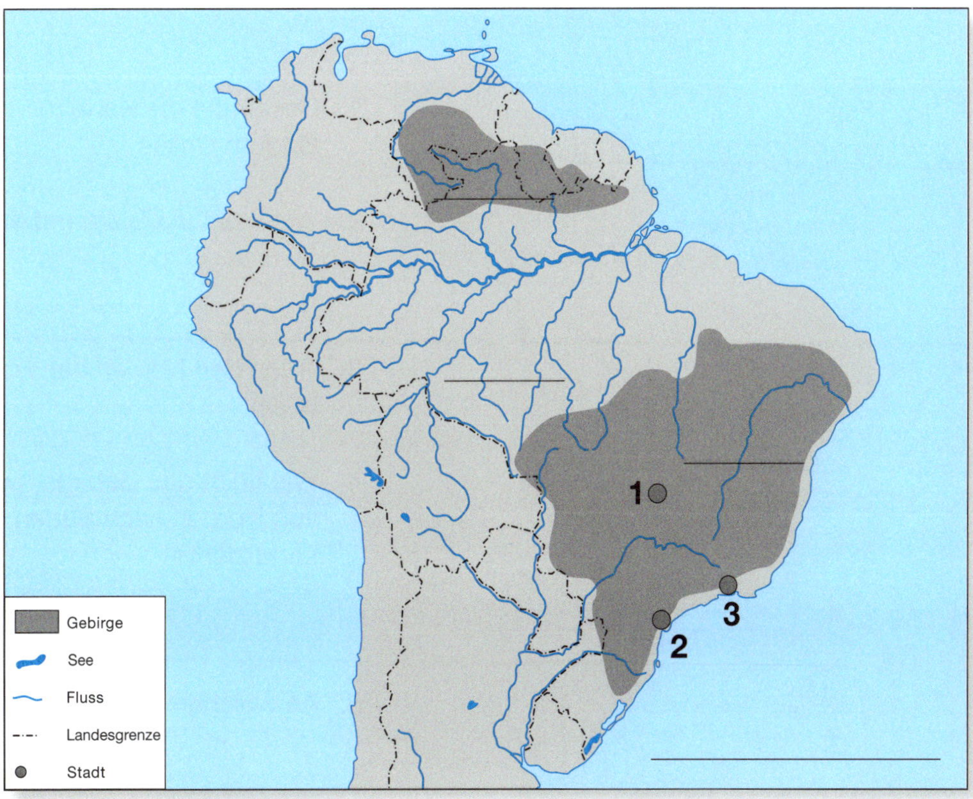

1. Trage die drei Großlandschaften mit ihren Großbuchstaben in die Karte ein.

2. An welchem Meer liegt Brasilien? Trage auch in die Karte ein. ______________________

3. Wie heißen die drei Städte?

1 ____________________ 2 ____________________ 3 ____________________

4. Mit welchem Nachbarland hat Brasilien die längste gemeinsame Grenze?

____

Chile

Fläche:	756 950 km²
Einwohnerzahl:	16 134 219
Hauptstadt:	Santiago de Chile
Grenzländer:	Argentinien (5 308 km Grenze), Bolivien (860 km Grenze), Peru (171 km Grenze)

Das Land erstreckt sich über 4 300 km von Norden nach Süden entlang der Anden und des Pazifischen Ozeans. Die breiteste Stelle misst etwa 240 km, die engste 90 km.
Das Land lässt sich in Nord-, Mittel- und Südchile unterteilen. Im Norden steigt die Landschaft zuerst steil an und bildet danach bis zu den Anden ein Hochplateau. Dieses ist etwa 1 000 m bis 1 500 m hoch. Hier liegt auch die Atacama-Wüste.

Mittel- und Südchile bestehen aus zwei Gebirgszügen. Sie verlaufen parallel zueinander. Im Westen ist es der Küstenbergzug und im Osten sind es die Anden. Zwischen beiden Gebirgen liegt das Zentraltal. Hier lebt der Hauptteil der Bevölkerung. Die Westküste ist ab Mittelchile nach Süden hin stark in viele Fjorde und Inseln zergliedert.

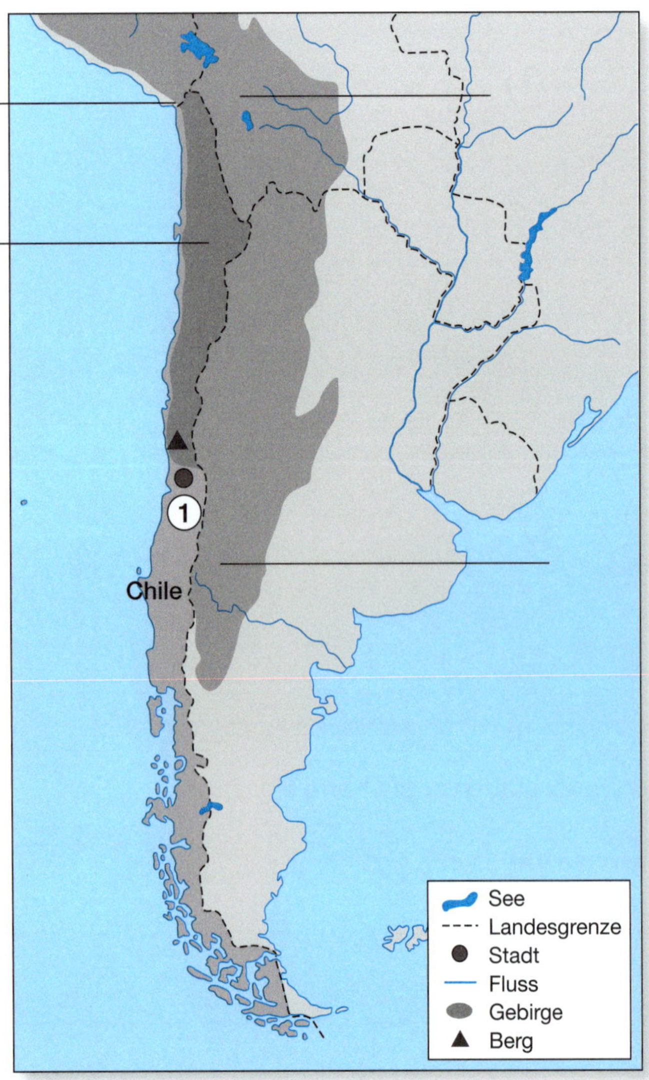

1. Beschrifte die Karte mit den Nachbarländern Chiles.

2. Wie heißt die Stadt mit der Ziffer 1?

3. Trage den Namen der Wüste in die Karte ein.

4. Wie heißt das Gebirge, welches sich von Norden nach Süden durch das Land zieht?

5. An welchem Meer liegt Chile?

6. Wo lebt der Hauptteil der Bevölkerung?

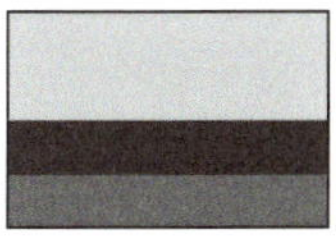

Kolumbien

Fläche:	**1 141 748 km²**
Einwohnerzahl:	**41 966 004**
Hauptstadt:	**Bogotá**
Grenzländer:	**Panama (225 km Grenze), Venezuela (2 050 km Grenze), Peru (1 626 km Grenze), Brasilien (1 645 km Grenze), Ecuador (590 km Grenze)**

Kolumbien grenzt im Westen an den Pazifischen Ozean und im Norden und Nordosten an das Karibische Meer.

Im Westen des Landes liegt die Hochgebirgskette der Anden. Hier gibt es viele Vulkane.

Im Osten Kolumbiens befindet sich dicht bewaldetes Flachland. Der südöstliche Teil des Landes dagegen ist durch tropischen Regenwald gekennzeichnet.

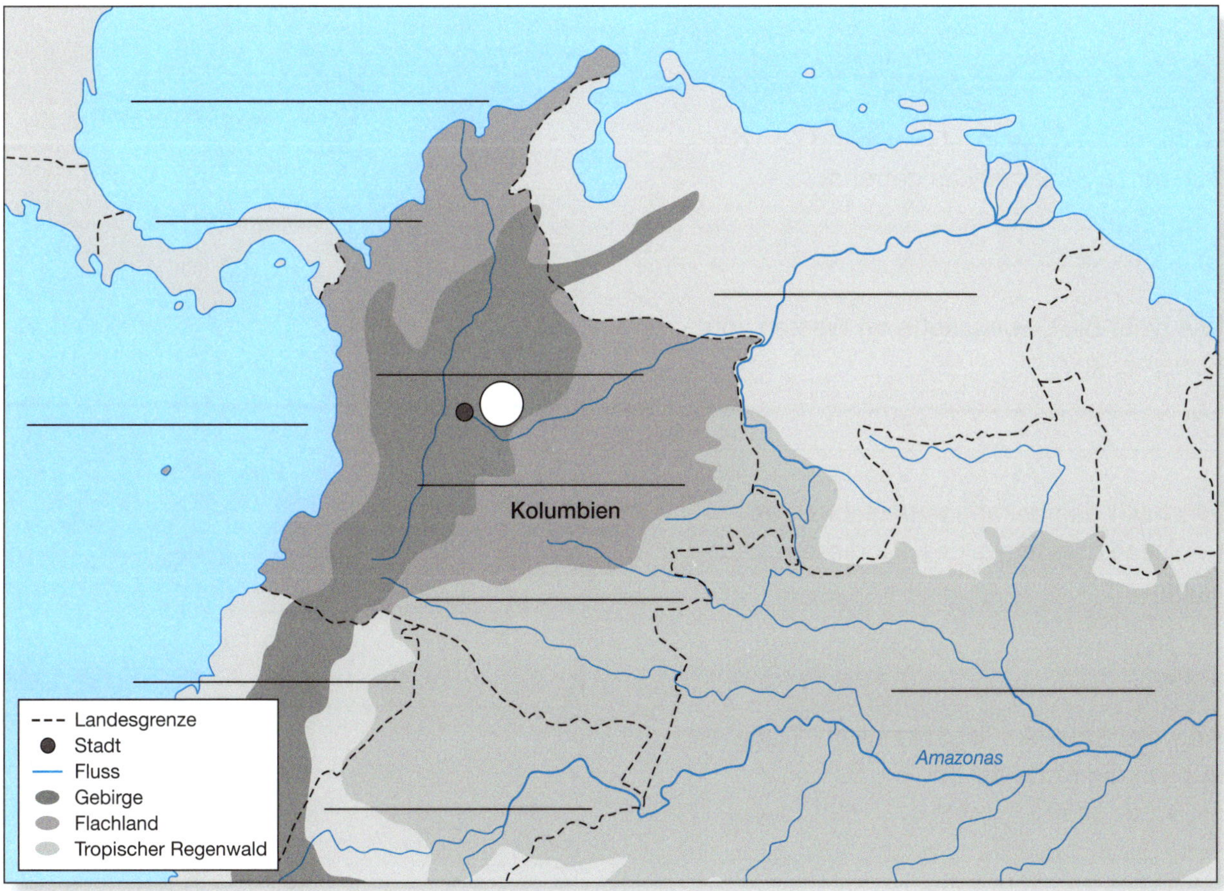

1. Trage die Meere, an die Kolumbien grenzt, in die Karte ein.

2. Beschrifte die Anden, das bewaldete Flachland und den tropischen Regenwald.

3. Kennzeichne die Hauptstadt Bogotá durch ein B.

4. Mit welchem Nachbarland hat Kolumbien die kürzeste Grenze? ______________________

5. Trage die Namen der Nachbarländer in die Karte ein.

Was weißt du noch über Südamerika?

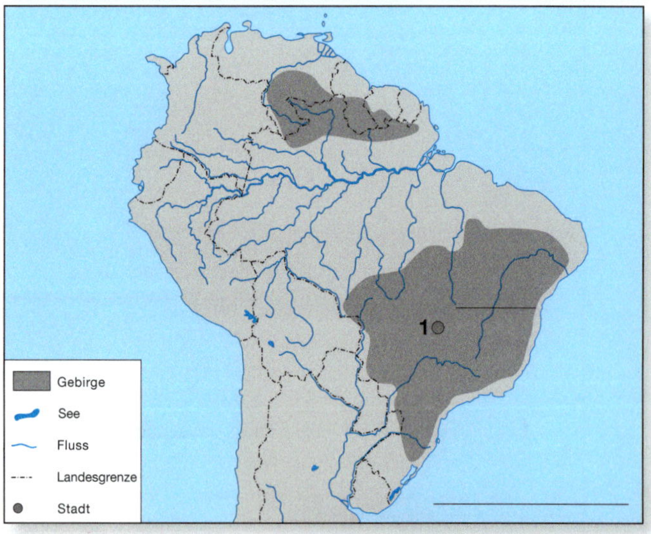

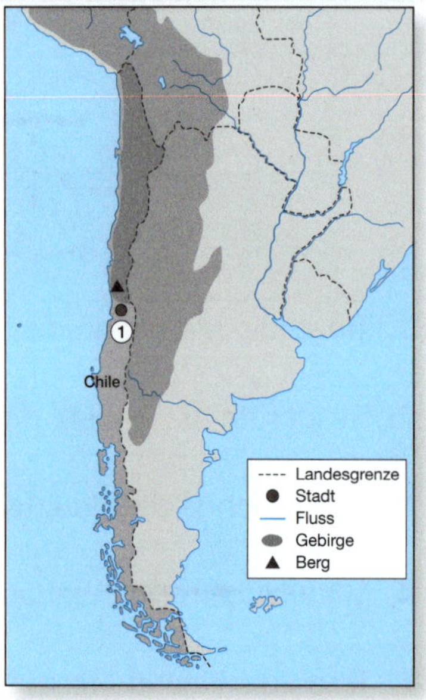

1. Wo liegen die Länder Brasilien, Chile und Kolumbien? Trage sie in die Karte ein.

2. Trage die beiden großen Weltmeere in die Karte ein, die Südamerika umgeben.

3. Zu welchem Staat gehören die Falklandinseln? Trage ihren Namen in die Karte ein.

____

4. Wodurch wird die Insel Feuerland von der Südspitze Südamerikas getrennt?

____

5. Wie heißt die Gebirgskette im Westen von Südamerika?

____

6. Wie heißt das bekannteste Gebiet des tropischen Regenwaldes auf diesem Kontinent?

____

7. An welchem Meer liegt Brasilien? Trage es auch in die Karte ein.

____

8. Beschrifte die Hauptstadt Brasiliens in der Karte.

9. Wie heißt die Wüste in Chile?

____

10. Wie heißen die Nachbarländer Chiles?

____

5 Asien

Fläche:	45 000 000 km²
Einwohnerzahl:	3 450 000 000
Höchster Berg:	Mount Everest (8 872 m)
Längster Fluss:	Jangtse (6 380 km)
Hauptsprachen:	Chinesisch, Hindi, Russisch, Arabisch

Asien

Asien ist der größte Kontinent der Erde. Er erstreckt sich vom Nordpol bis zum Äquator. Auf diesem Kontinent lebt mehr als die Hälfte aller Menschen.

Asien ist bis auf den Westen von Meer umgeben.

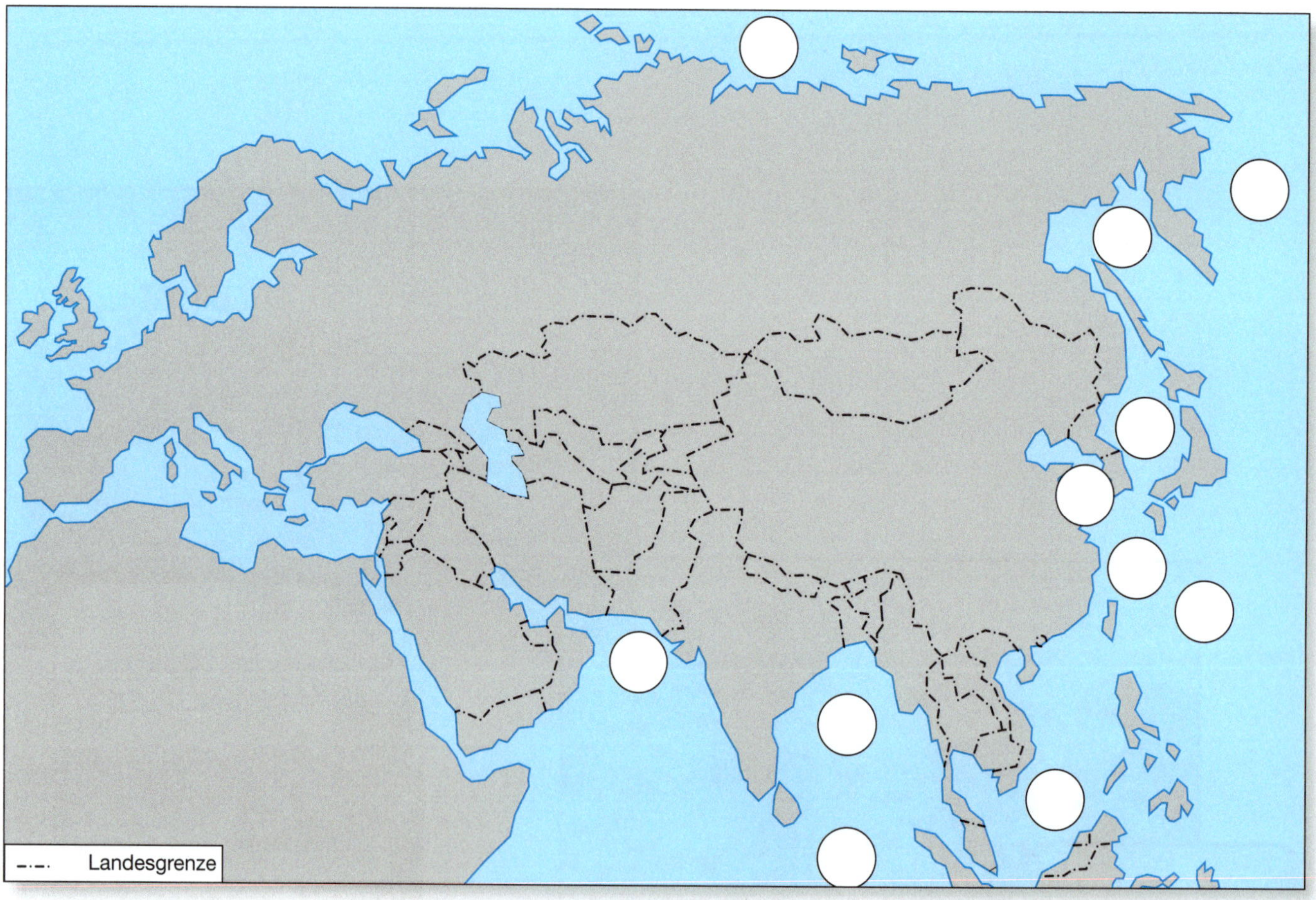

1. Von welchen Meeren ist Asien umgeben? Trage die Ziffern in die Karte ein.

1 Arktischer Ozean	2 Pazifischer Ozean	3 Indischer Ozean
4 Beringmeer	5 Ochotskisches Meer	6 Japanisches Meer
7 Gelbes Meer	8 Ostchinesisches Meer	9 Südchinesisches Meer
10 Golf von Bengalen	11 Arabisches Meer	

2. Zeichne den Äquator ein.

Asien

Asien besitzt mit Japan (A), Taiwan (B), Indonesien (C), Sri Lanka (D) und den Philippinen (E) viele große Inseln.
Das Himalaya-Gebirge verläuft mitten durch den Kontinent. Hier liegt auch der höchste Berg Asiens, der zugleich der höchste der Welt ist. Das Ural-Gebirge, das Kaspische Meer und das Schwarze Meer mit Bosporus und Dardanellen bilden die Grenze zu Europa.

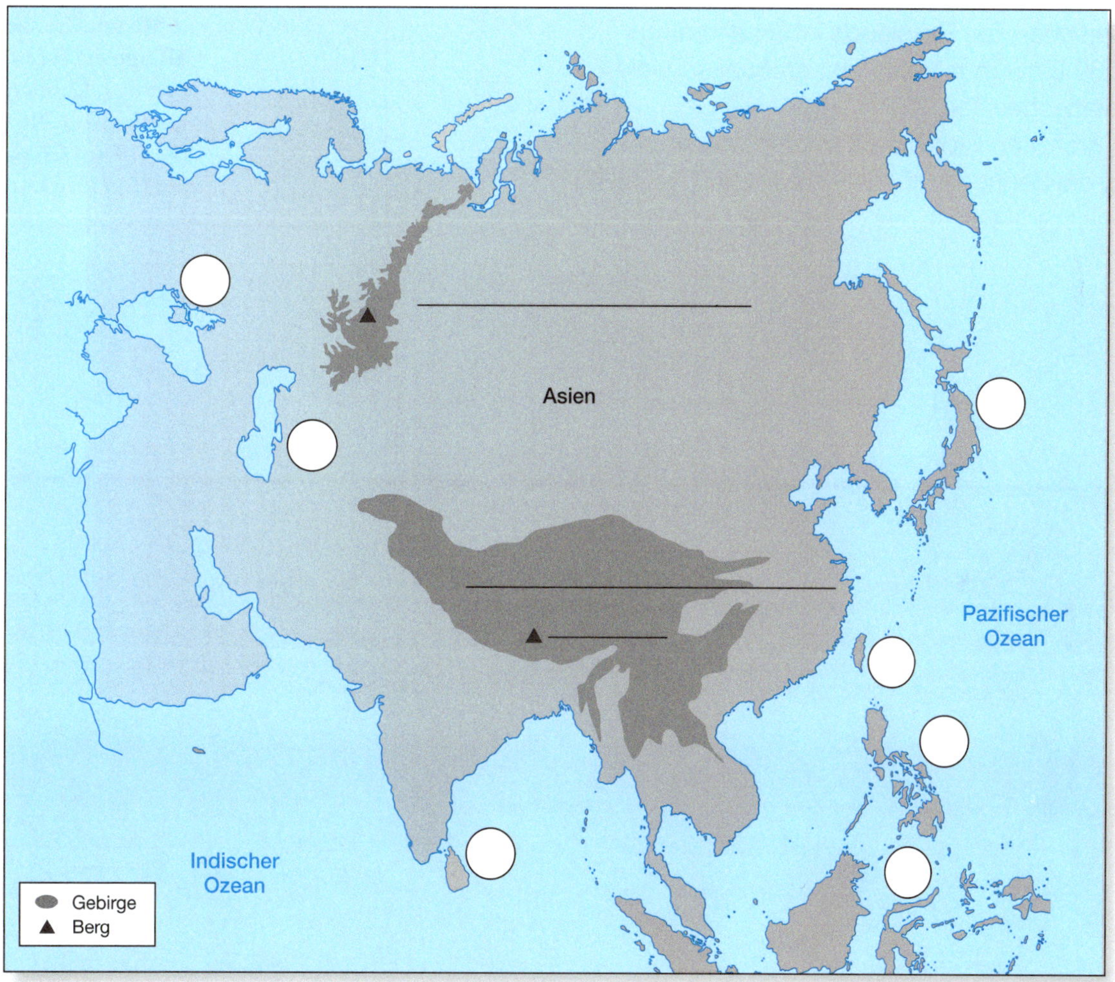

1. Trage die Inseln mit ihren Kennbuchstaben in die Karte ein.
2. Beschrifte die beiden Gebirge Himalaya und Ural.
3. Setze die Zahlen in die Karte ein: Kaspisches Meer (1), Schwarzes Meer (2).
4. Schreibe die Höhenangabe zum Mount Everest in Meter in die Karte.
5. Kennzeichne den Teil Europas blau.

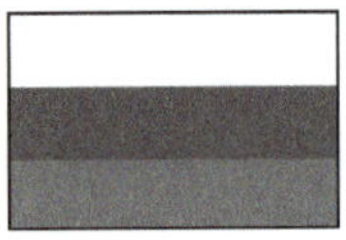

Russland

Fläche:	17 075 200 km²
Einwohnerzahl:	142 893 540
Hauptstadt:	Moskau
Grenzländer:	Norwegen (A) (196 km Grenze), Finnland (B) (1 340 km Grenze), Estland (C) (294 km Grenze), Lettland (D) (217 km Grenze), Weißrussland (E) (959 km Grenze), Georgien (F) (723 km Grenze), Aserbaidschan (G) (284 km Grenze), Kasachstan (H) (6 846 km Grenze), Mongolei (I) (3 485 km Grenze), China (J) (3 645 km Grenze), Nordkorea (K) (19 km Grenze), Ukraine (L) (1 576 km Grenze)

Russland ist flächenmäßig der größte Staat der Erde. Zum Kernland gehört auch noch die Exklave Kaliningrad. Sie wird von Litauen und Polen umschlossen. Russland liegt auf zwei Kontinenten. Etwa 3 952 550 km² liegen im europäischen Teil, während rund 13 122 850 km² zu Asien gehören.
Im europäischen Teil Russlands leben allerdings 104 400 000 Einwohner, also fast dreimal so viele wie im asiatischen Teil.
Russland grenzt an viele Meere: an den Arktischen Ozean (1), die Beringsee (2), den Pazifischen Ozean (3), das Japanische Meer (4), das Ochotskische Meer (5).

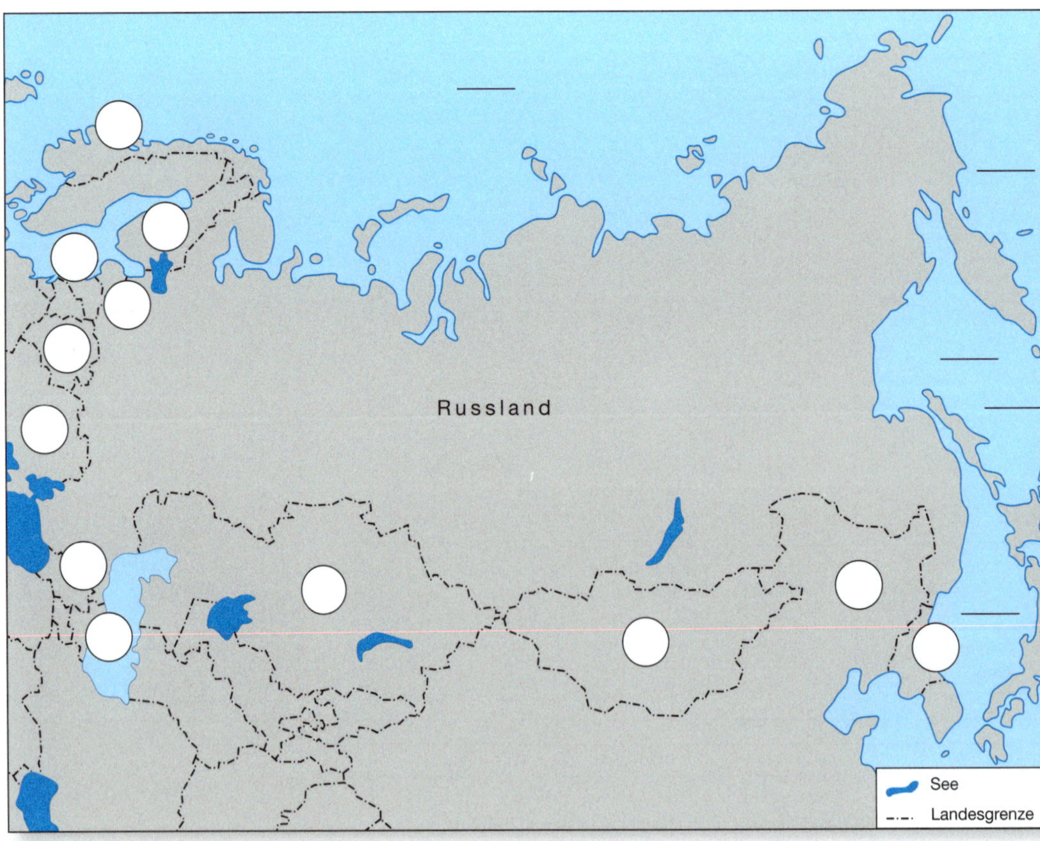

1. Trage die Grenzländer Russlands mit ihren Großbuchstaben in die Karte ein.

2. Trage die Grenzmeere mit ihren Ziffern in die Karte ein.

3. Kennzeichne die Exklave Kaliningrad durch eine Schraffur.

4. In welchem Teil Russlands leben die meisten Einwohner? ______________________________

China

Fläche:	**9 596 960 km²**
Einwohnerzahl:	**1 313 973 713**
Hauptstadt:	**Peking**
Grenzländer:	**Das Land grenzt an insgesamt 14 Staaten. Vietnam (1), Laos (2), Myanmar (3), Bhutan (4), Nepal (5), Indien (6), Pakistan (7), Afghanistan (8), Tadschikistan (9), Kirgisistan (10), Kasachstan (11), Russland (12), Mongolei (13), Nordkorea (14).**

China ist flächenmäßig das viertgrößte Land der Erde, aber das bevölkerungsreichste. Es hat mehr Einwohner als Nordamerika und Europa zusammen. Die Bevölkerung ist nicht gleichmäßig über das Land verteilt. Der Süden und die Flächen entlang der Ostküste von Peking bis Shanghai sind dicht besiedelt, während das tibetische Hochland im Westen, die Wüstengebiete im Nordwesten und die Grassteppen im mittleren Norden sehr dünn besiedelt sind.

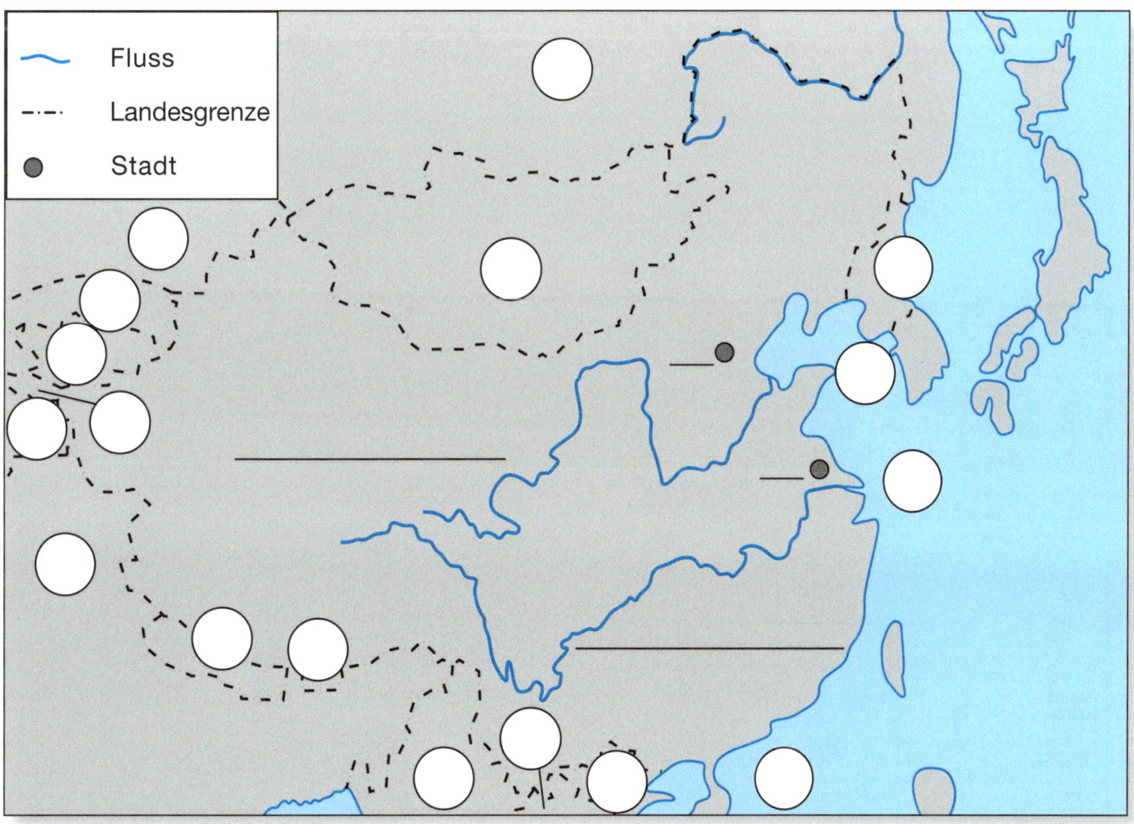

1. Trage die Grenzländer mit ihren Zahlen in die Karte ein.

2. Trage die Meere Gelbes Meer (A), Ostchinesisches Meer (B) und Südchinesisches Meer (C) mit ihren Großbuchstaben in die Karte ein.

3. Beschrifte die Städte Peking (P) und Shanghai (S).

4. Schreibe die Flussnamen Jangtse und Gelber Fluss in die Karte.

Indien

Fläche:	**3 287 590 km²**
Einwohnerzahl:	**1 095 351 995**
Hauptstadt:	**Neu-Delhi**
Grenzländer:	**Bangladesch (A) (4 053 km Grenze), Bhutan (B) (605 km Grenze), Myanmar (C) (1 463 km Grenze), China (D) (3 380 km Grenze), Nepal (E) (1 690 km Grenze), Pakistan (F) (2 912 km Grenze)**

Indien kommt bezüglich der Bevölkerungszahl gleich nach China.
Es besitzt mit dem Himalaya im Norden, dem Arabischen Meer im Westen, dem Golf von Bengalen im Osten und mit dem Indischen Ozean im Süden vier natürliche Grenzen. Im Indischen Ozean liegt der Nachbarstaat Sri Lanka (G).

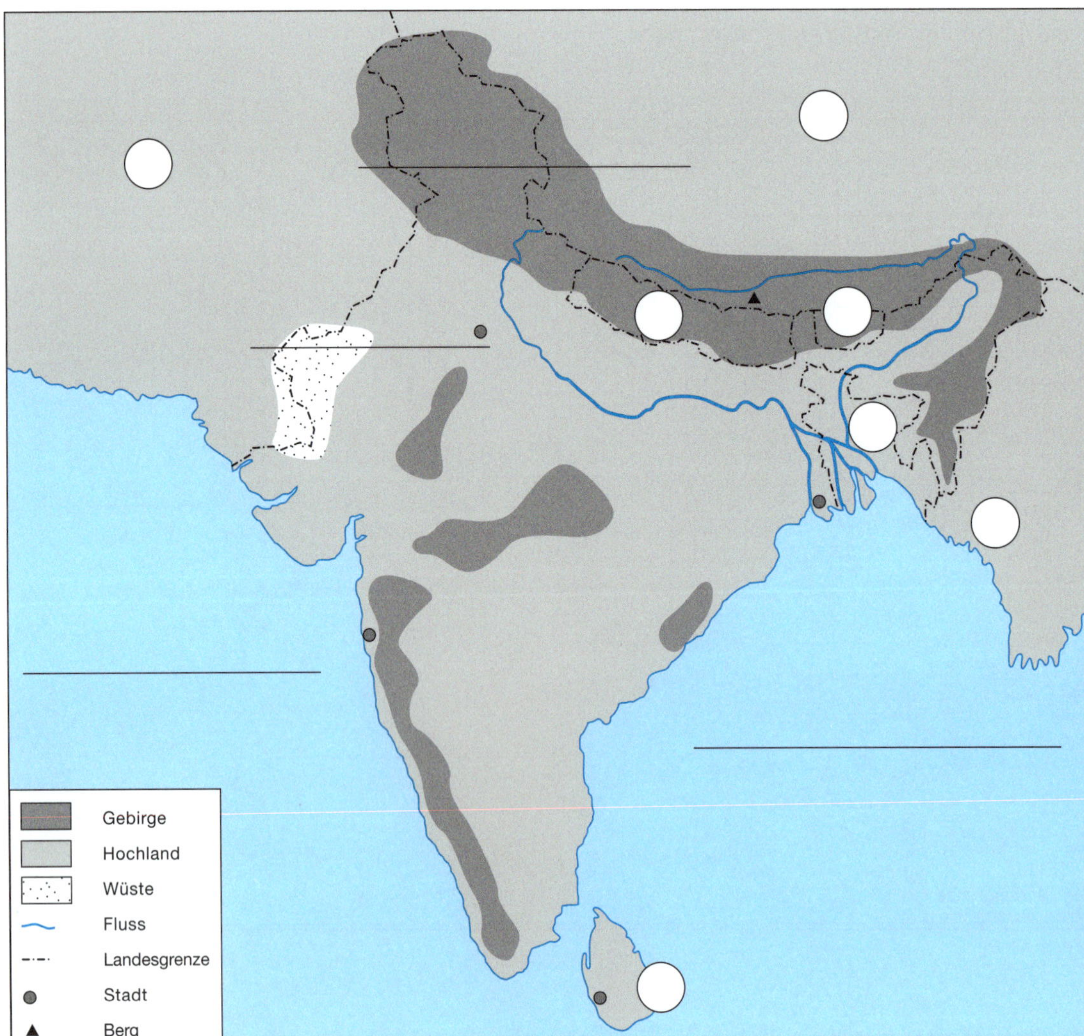

1. Trage die Grenzländer Indiens und Sri Lanka mit ihren Großbuchstaben in die Karte ein.
2. Schreibe die vier natürlichen Grenzen Indiens in die Karte.
3. Beschrifte die Hauptstadt.

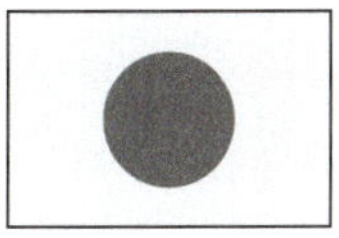

Japan

Fläche:	377 835 km²
Einwohnerzahl:	127 288 419
Hauptstadt:	Tokio
Grenzländer:	keine direkten Grenzländer

Japan ist nach Indonesien, Madagaskar und Papua-Neuguinea der viertgrößte Inselstaat der Welt. Das Land liegt im Pazifik.
Das Japanische Meer trennt es von den Ländern Russland (1), Nord- (2) und Südkorea (3) und China (4).

Japan besteht aus einer Inselkette. Sie erstreckt sich entlang der Ostküste Asiens.
Die Hauptinseln Japans heißen Hokkaido (im Norden), Honshu (in der Mitte), Shikoku und Kyushu (im Süden).

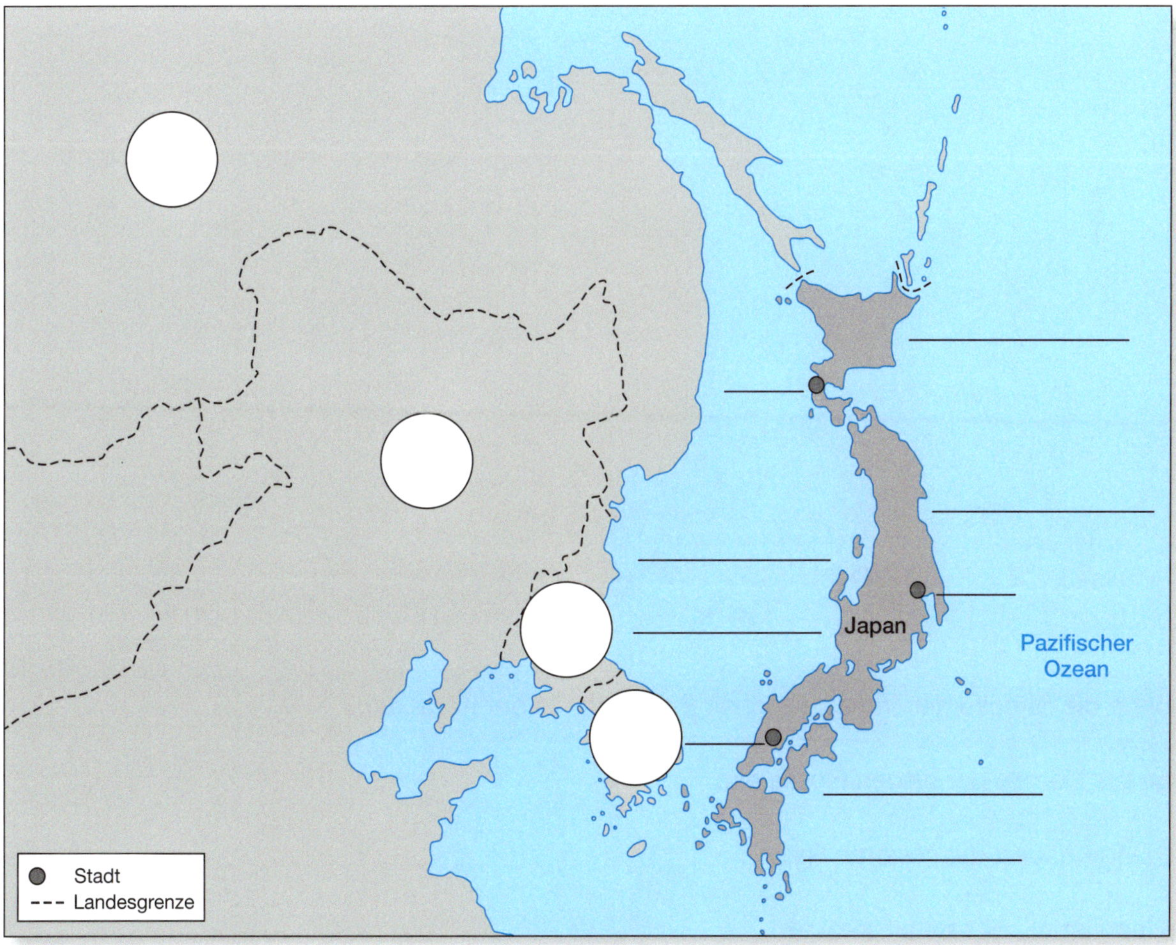

1. Trage das Japanische Meer in die Karte ein.
2. Setze die Zahlen für die Länder ein, die von Japan durch das Meer getrennt sind.
3. Trage die Namen der Hauptinseln in die Karte ein.
4. Beschrifte die Lage der Städte Tokio (A), Sapporo (B) und Hiroshima (C) durch die Großbuchstaben.

Mit der Bahn durch Asien

Die Transsibirische Eisenbahn macht es möglich. Jeden Tag um 14.00 Uhr verlässt sie den Bahnhof in Moskau. Es beginnt eine Reise auf der mit 9302 km längsten Bahnlinie der Welt.
Die Fahrt dauert sechs Tage. Sie führt von Moskau über den Ural bis Jekaterinburg und weiter nach Omsk. Bei der Stadt Nowosibirsk wird der Fluss Ob überquert. Die Reise führt über die Städte Krasnojarsk, Irkutsk, am Baikalsee vorbei bis Ulan-Ude und Tschita. Kurz vor der Stadt Chabarowsk wird der Fluss Amur überquert. Letzte Station der Reise ist Wladiwostok.

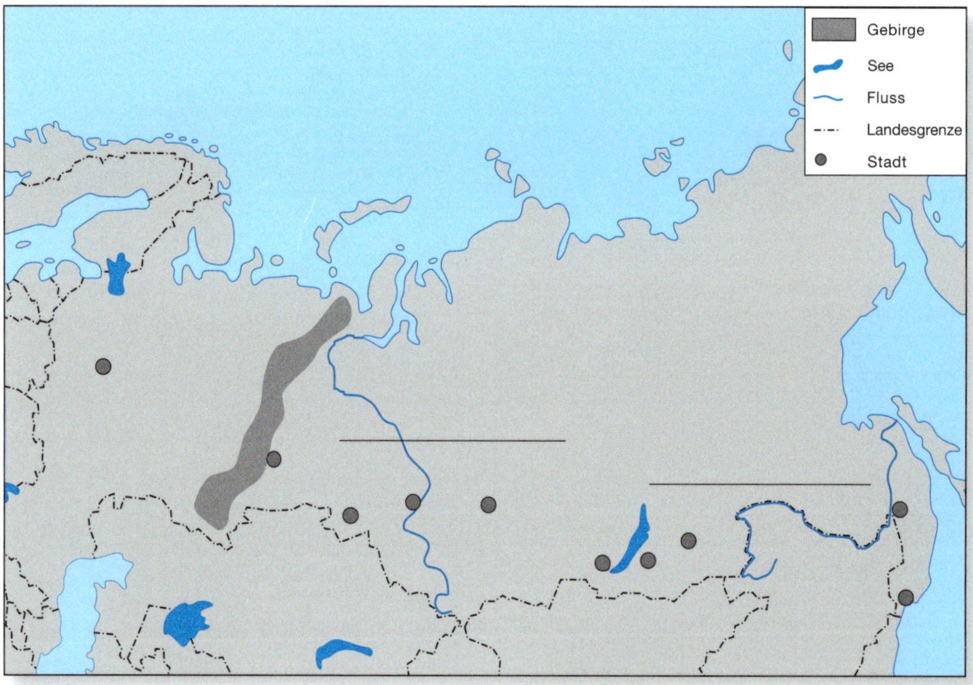

1. Zeichne die Strecke der Transsibirischen Eisenbahn in der Karte ein.

2. Trage die Namen der beiden Flüsse ein.

3. Wie lange dauert die gesamte Reise? ______

4. Wie lang ist die gesamte Strecke? ______

5. Welches Gebirge wird überquert? ______

6. Bei welcher Stadt wird der Ob überquert? ______

7. Wie heißt der See zwischen Irkutsk und Ulan-Ude? ______

8. Welcher andere Fluss wird auf der Reise überquert? ______

9. An welchem Weltmeer liegt die Stadt Wladiwostok? ______

Was weißt du noch über Asien?

1. Welches Gebirge trennt Asien von Europa?

____

2. Wie heißt die Eisenbahn, die durch Asien führt?

____

3. Wo beginnt sie? ____________________

4. Wo endet sie? ____________________

5. Trage das Weltmeer im Norden Asiens in die Karte ein.

6. Wie heißen die natürlichen Grenzen Indiens?

____

____

____

____

7. Trage die Meere in die Karte ein. Benutze für Südchinesisches Meer A, für Gelbes Meer B und für Ostchinesisches Meer C.

8. Schreibe den Namen der chinesischen Hauptstadt in die Karte.

9. Trage in die nebenstehende Karte das Japanische Meer ein.

10. Kennzeichne die Staaten China (1), Nordkorea (2), Südkorea (3) und Russland (4) mit ihren Ziffern in der Karte.

11. Auf welcher Hauptinsel liegt Tokio?

____

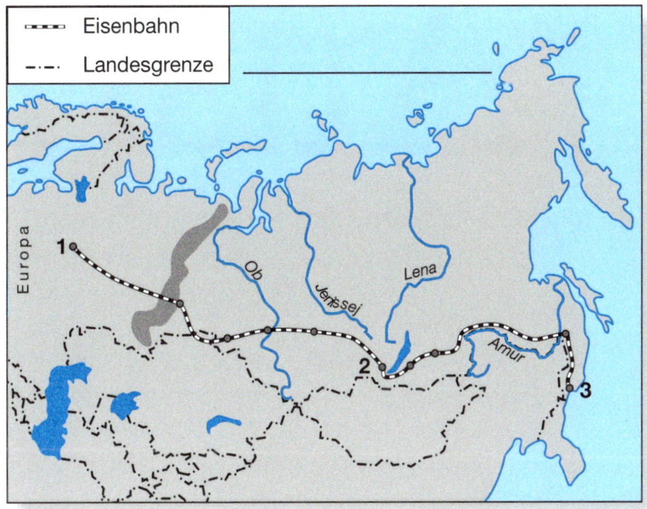

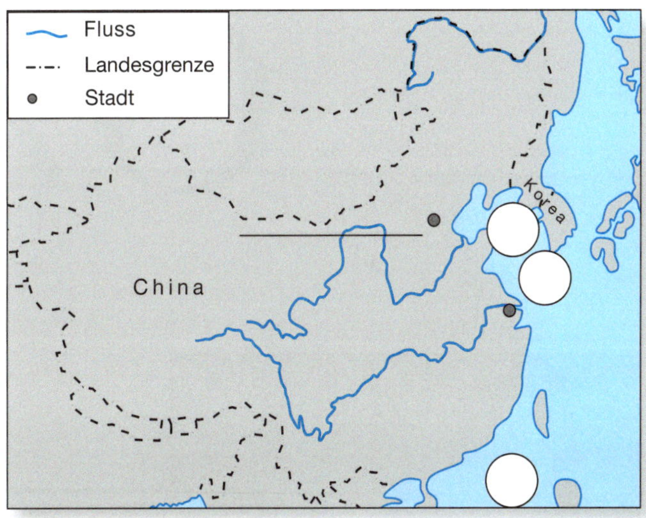

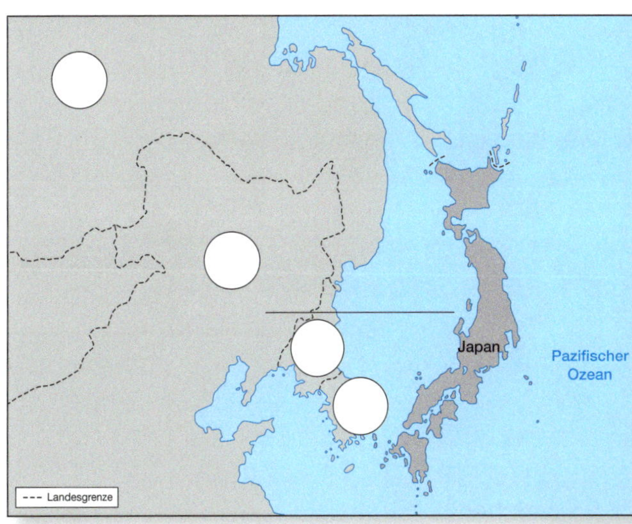

6 Australien und Ozeanien

Australien und Ozeanien

Fläche:	**7 686 850 km²**
Einwohnerzahl:	**20 264 082**
Höchster Berg:	**Mount Wilhelm (4 509 m)**
Längster Fluss:	**Darling River (2 740 km)**
Hauptsprache:	**Englisch**

Australien ist der kleinste Kontinent der Welt, aber die größte Insel.
Zum gesamten Kontinent zählen Australien, Neuseeland und Papua-Neuguinea. Außerdem gehören viele kleine Inseln im Pazifik dazu. Die größten sind Tonga und die Fidschi-Inseln.

Die gesamte Region heißt Ozeanien.
Australien ist politisch in sechs Bundesstaaten und zwei Territorien gegliedert. Ein Bundesstaat heißt Tasmanien. Das ist eine Insel im Süden.

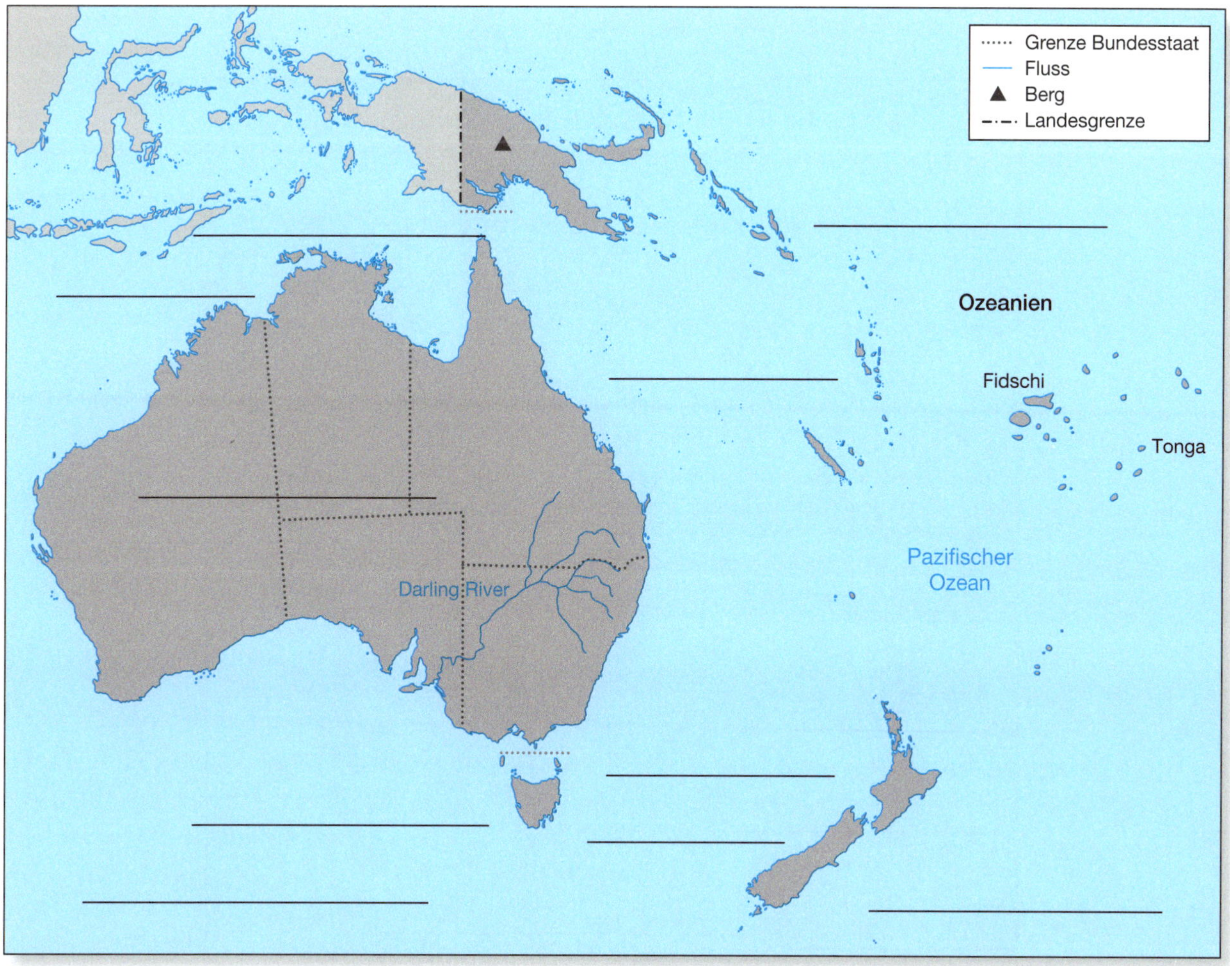

1. Trage in die Karte ein: Australien, Neuseeland, Papua-Neuguinea und Tasmanien.

2. Schreibe folgende Begriffe in die Karte: Indischer Ozean, Arafurasee, Korallenmeer, Tasmanische See, Timorsee.

Australien

Australien ist in drei Großlandschaften gegliedert:

1. Westaustralisches Tafelbecken
2. Tieflandbecken
3. Great Dividing Range (Australische Alpen und Ostaustralische Kordillere)

Eine geografische Besonderheit sind die vielen Wüstengebiete. Sie befinden sich alle im Westaustralischen Tafelbecken.
Die größten Wüsten sind: Große Sandwüste (1), Gibsonwüste (2), Große Viktoriawüste (3), Tanamiwüste (4) und Simpsonwüste (5).
Dicht besiedelte Gebiete finden sich nur an der Ost- und Südostküste des Landes.

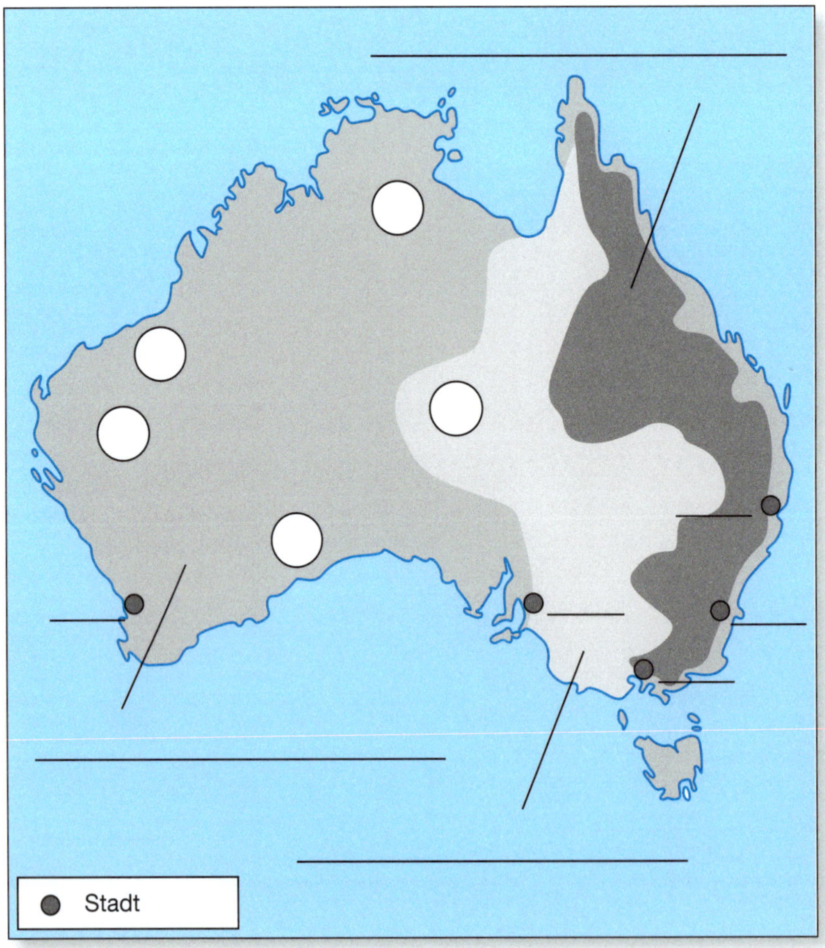

1. Schreibe die Namen der drei Großlandschaften Australiens in die Karte.

2. Setze die entsprechenden Ziffern der Wüstengebiete in die Karte ein. Die Lage kannst du im Atlas nachsehen.

3. Finde die folgenden Städte im Atlas: Adelaide (A), Brisbane (B), Melbourne (M), Perth (P) und Sydney (S). Schreibe jeweils die Anfangsbuchstaben in die Karte.

Was weißt du noch über Australien und Ozeanien?

1. Australien – Was ist das?

Ein Kontinent? ☐

Ein Staat? ☐

2. Vervollständige diesen Satz: Australien ist der kleinste Kontinent der Welt, aber die

____.

3. Was zählt alles zum gesamten Kontinent?

A) ______________________ B) ______________________

C) ______________________ D) ______________________

4. Welche Meere umgeben Australien?
Trage sie in die Karte ein.

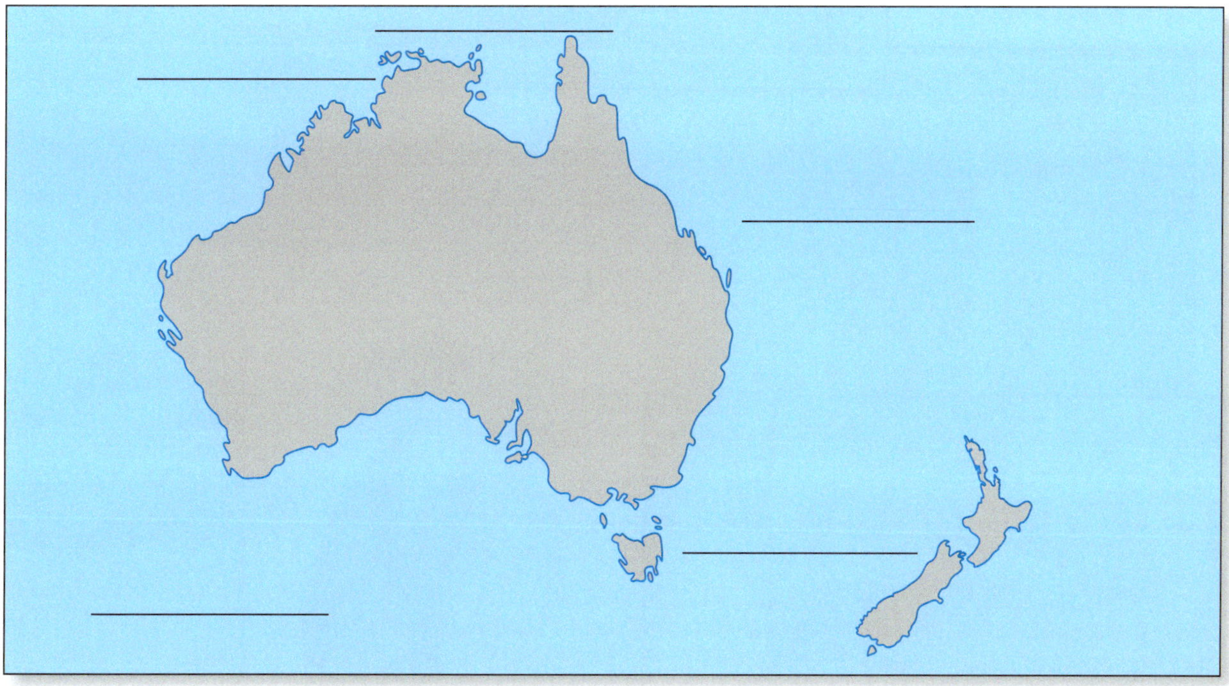

7 Antarktis

Fläche:	12 400 000 km²
Einwohnerzahl:	keine ständigen Bewohner
Höchster Berg:	Vinsonmassiv (5 140 m)

Antarktis

Die Antarktis liegt am geografischen Südpol. Von den Polargebieten ist sie der einzige Kontinent. Nur etwa 2 % der gesamten Fläche sind eisfrei. Die Region ist sehr reich an Rohstoffen und Fischgründen. Um dieses Gebiet zu schützen, haben 29 Länder ein Schutzabkommen getroffen. Wissenschaftler sind die einzigen Bewohner der Antarktis.

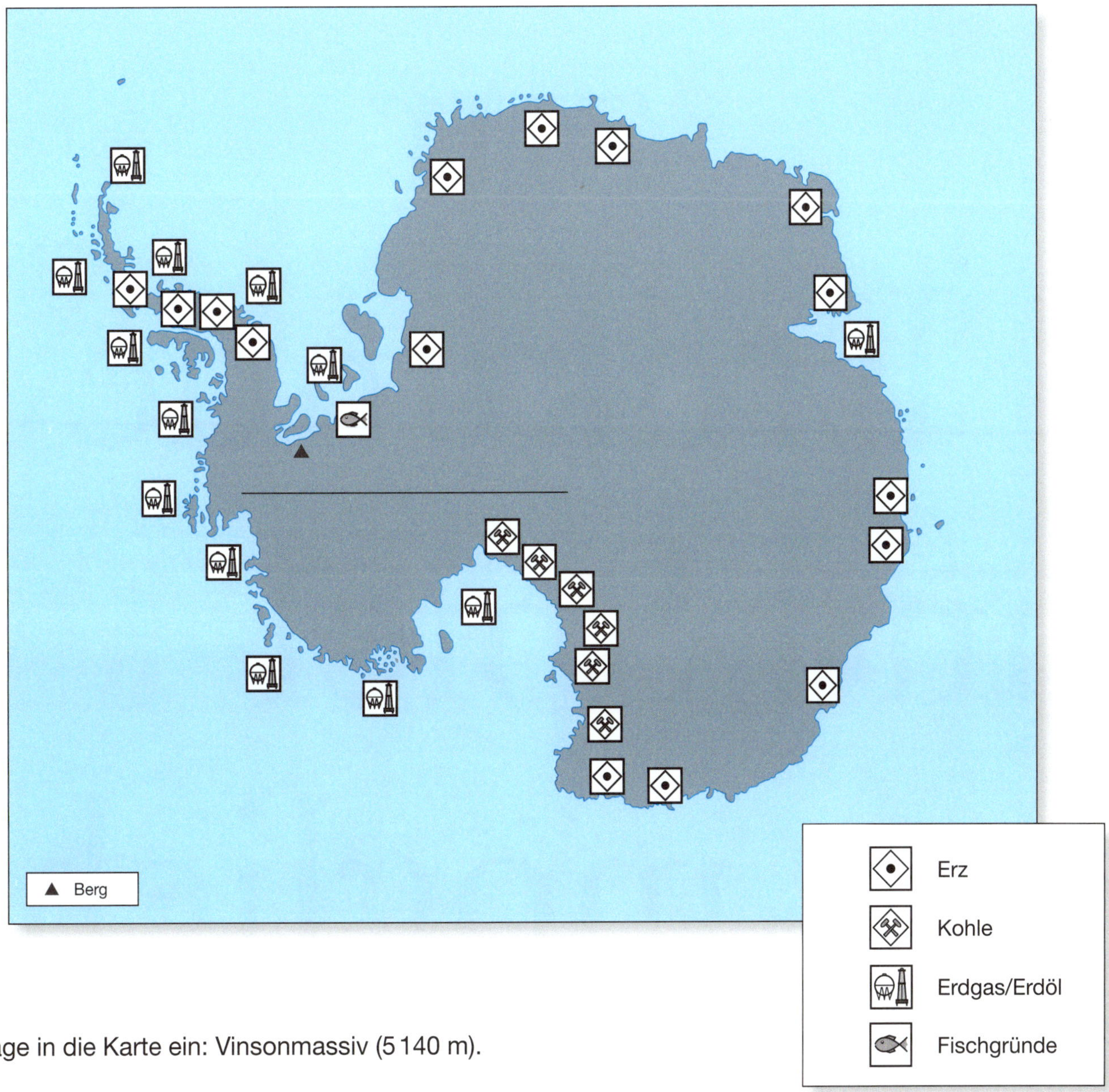

1. Trage in die Karte ein: Vinsonmassiv (5 140 m).

2. Welche Rohstoffe weist die Antarktis auf?

8 Grundfragen zur Erdkunde und Spielmöglichkeiten

Olympia und die Kontinente

Alle vier Jahre finden die olympischen Sommerspiele statt.
Sie werden immer an verschiedenen Orten ausgetragen.

Die folgende Aufstellung gibt einen kleinen Überblick.

- Vervollständige sie. Informiere dich unter:
  www.wissen.de/wde/generator/wissen/ressorts/sport/olympische_spiele/olympische_sommerspiele_historisch/index.html

- Welcher Kontinent ist am häufigsten vertreten? ______________________________

Jahr	Stadt	Land	Kontinent
2008	Peking	China	Asien
2004	Athen	Griechenland	Europa
2000	Sydney	Australien	Australien
1996	Atlanta	USA	Nordamerika
1992	Barcelona	Spanien	Europa
1988	Seoul	Südkorea	Asien
1984	Los Angeles	USA	Nordamerika
1980	Moskau	UdSSR	Europa
1976	Montreal	Kanada	Nordamerika
1972	München	Deutschland	Europa
1968	Mexiko-Stadt	Mexiko	Nord-/Mittelamerika
1964			
1960			
1956			
19 . .			
19 . .			
19 . .			

Steckbrief Kontinent

Lege dir ein Informationsheft zu allen Kontinenten an.
Erstelle dazu Steckbriefe mit vielen Informationen.

Am Beispiel von Europa erkennst du, wie ein solcher Steckbrief aussehen kann.

Steckbrief

Europa

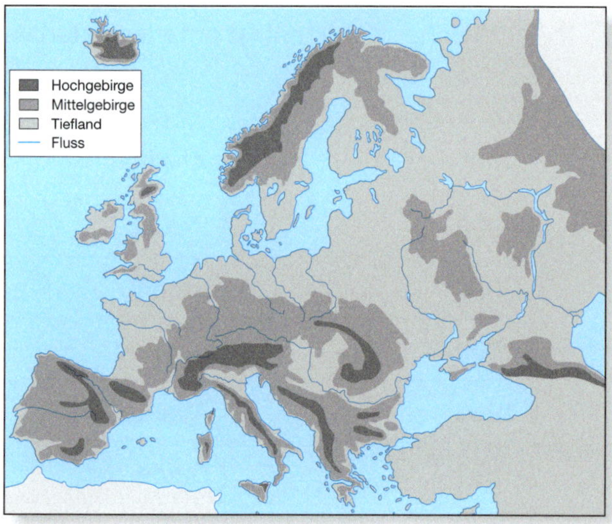

Fläche: 10 000 000 km²

Einwohnerzahl: ca. 700 000 000

Höchster Berg: Montblanc (4 807 m)

Längster Fluss: Wolga (3 530 km)

Hauptsprachen: slawische, germanische, romanische Sprachen

Anzahl der Staaten: 44

Landschaftsformen: Tiefland, Mittelgebirge, Hochgebirge

Inseln: Großbritannien, Irland, Island, Korsika, Sardinien, Sizilien, Balearen, Malta, Kreta, Zypern, Guernsey, Jersey und viele andere

Flächenmäßig größter Staat: Russland

Große Flüsse: Rhein, Donau, Themse, Seine, Po, Ebro

Gebirge: Alpen, Pyrenäen, Karpaten, Apennin

Hohe Berge: Großglockner, Matterhorn, Zugspitze

Große Städte: London, Paris, Moskau, Rom, Berlin

Die größten Städte der Welt

Weißt du es?

Jahr für Jahr nimmt die Weltbevölkerung zu. In der folgenden Liste findest du einige Städte der Erde, die über 10 Millionen Einwohner haben.

Einwohner in Millionen:

Tokio: 37,20 Mexiko-Stadt: 22,99 New York: 22,93 Seoul: 22,25 Bombay: 20,87

São Paulo: 20,21 Manila: 19,19 Jakarta: 18,58 Delhi: 18,36 Los Angeles: 17,74

Kansai (Osake, Kobe, Kyoto): 17,41 Shanghai: 16,96 Kairo: 16,07 Kalkutta: 15,18

1. Wo liegen diese Städte? Schaue im Atlas nach.

2. Auf welchem Kontinent liegen die meisten dieser Städte? ______________________

3. Zur besseren Orientierung ist die Lage einiger Städte schon durch einen Punkt markiert. Kennzeichne die in der obigen Liste unterstrichenen Städte ebenfalls durch einen Punkt in der Karte.

4. Welche dieser Städte sind Hauptstädte? Lege dir eine Tabelle an und trage die Ergebnisse dort ein.

Hauptstädte	Land

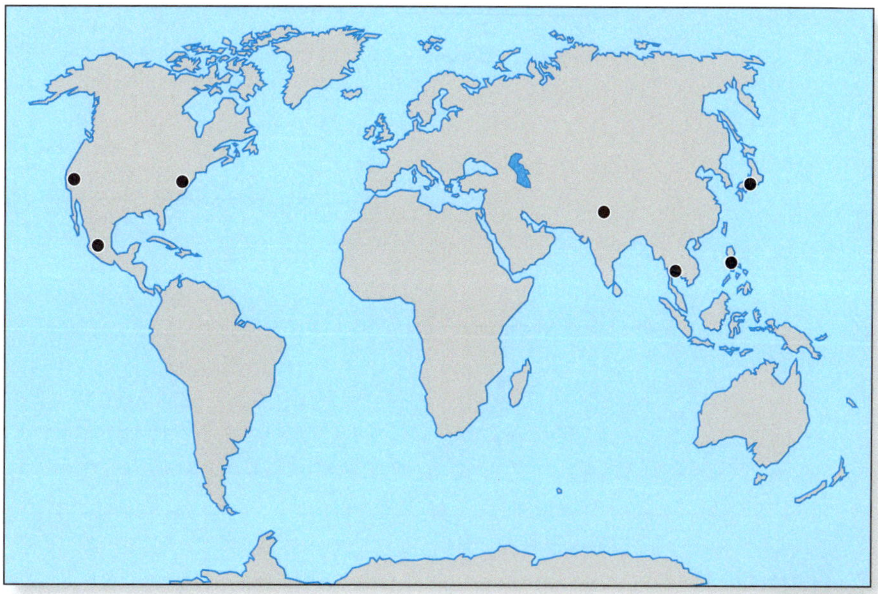

Weltmeere

Weißt du es noch?

1. Von welchen Weltmeeren werden die folgenden Kontinente umgeben?
Trage die Namen der Meere in die Tabelle ein.

Kontinente	Weltmeere
Afrika	
Amerika	
Asien	
Australien	
Europa	

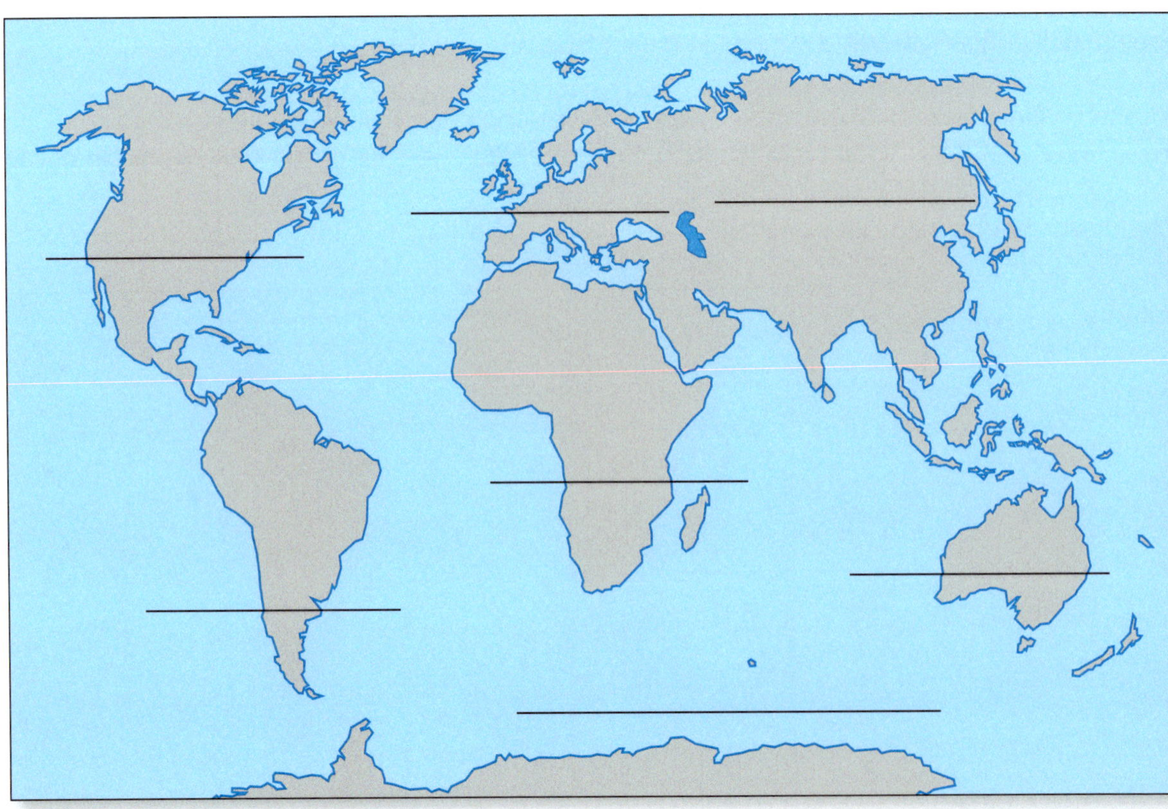

2. Trage die Namen der Kontinente in die Karte ein.

Die höchsten Berge der Welt

Weißt du es?

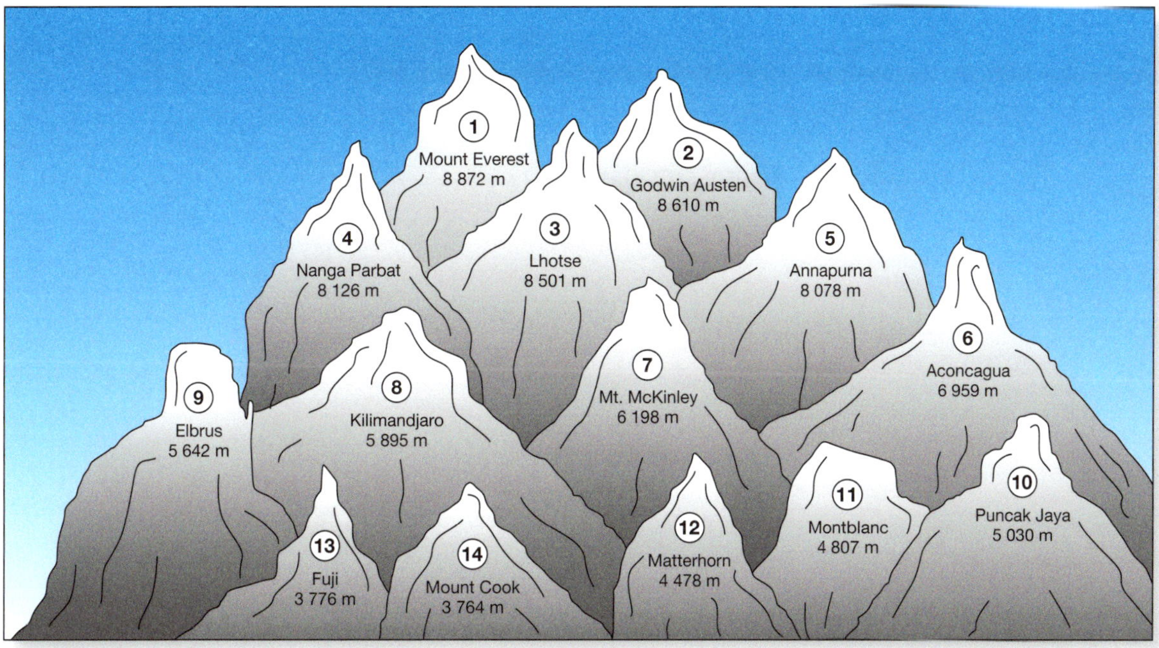

1. Zu welchen Ländern gehören sie?

2. Auf welchen Kontinenten liegen sie?

1		
2		
3		
4		
5		
6		
7		
8		
9		
10		
11		
12		
13		
14		

Die längsten Flüsse der Welt

Weißt du es?

1. Durch welche Länder fließen sie? Schreibe es hinter die Flussnamen.

Fluss	Länge	Land/Länder
Nil + Kagera-Nil	6671 km	
Amazonas	6448 km	
Jangtse	6380 km	
Missouri-Mississippi	6020 km	
Huang He	4845 km	
Kongo	4374 km	
Wolga	3530 km	
Yukon	3185 km	
Rio Grande	3034 km	
Donau	2850 km	
Sambesi	2574 km	
Ganges	2510 km	
Rhein	1324 km	

Bevölkerungsdichte

Die folgende Aufstellung zeigt dir die Rangfolge der Staaten nach ihrer Gesamtfläche.

Platz	Staat	Fläche	Bevölkerung	Dichte
1.	Russland	17 075 200,00 km²	142 893 540 E	8,37 E/km²
2.	Kanada	9 984 670,00 km²	33 098 932 E	3,31 E/km²
3.	USA	9 631 420,00 km²	298 444 215 E	30,99 E/km²
4.	China	9 596 960,00 km²	1 313 973 713 E	136,92 E/km²
5.	Brasilien	8 511 965,00 km²	188 078 227 E	22,10 E/km²
6.	Australien	7 686 850,00 km²	20 264 082 E	2,64 E/km²
7.	Indien	3 287 590,00 km²	1 095 351 995 E	333,18 E/km²
8.	Argentinien	2 766 890,00 km²	39 921 833 E	14,43 E/km²
9.	Kasachstan	2 717 300,00 km²	15 233 244 E	5,61 E/km²
10.	Sudan	2 505 810,00 km²	41 236 378 E	16,46 E/km²
11.	Algerien	2 381 740,00 km²	32 930 091 E	13,83 E/km²
12.	Demokratische Republik Kongo	2 345 410,00 km²	62 660 551 E	26,72 E/km²
13.	Mexiko	1 972 550,00 km²	107 449 525 E	54,47 E/km²
14.	Saudi-Arabien	1 960 582,00 km²	27 019 731 E	13,78 E/km²
15.	Indonesien	1 919 440,00 km²	245 452 739 E	127,88 E/km²
16.	Libyen	1 759 540,00 km²	5 900 754 E	3,35 E/km²
17.	Iran	1 648 000,00 km²	68 688 433 E	41,68 E/km²
18.	Mongolei	1 564 166,00 km²	2 832 224 E	1,81 E/km²
19.	Peru	1 285 220,00 km²	28 302 603 E	22,02 E/km²
20.	Tschad	1 284 000,00 km²	9 944 201 E	7,74 E/km²

1. Erstelle eine neue Rangfolge nach der Bevölkerungsdichte pro km².
Beginne mit dem Staat, der die wenigsten Einwohner pro km² hat.

2. Vergleiche die Rangfolge „Gesamtfläche“ mit der Rangfolge „Bevölkerungsdichte“.
Was stellst du fest?

Die Welt in Schlagzeilen

1. In jeder Schlagzeile verbirgt sich ein Land, eine Stadt, ein Fluss, ein Gebirge/Berg oder ein anderer Bereich aus der Erdkunde.

Suche nun den jeweiligen Bereich und trage ihn in die Tabelle ein.
Schreibe bei Stadt, Fluss, Gebirge/Berg oder einem anderen Bereich zusätzlich das entsprechende Land dazu.

Land	Stadt	Fluss	Gebirge/Berg	Anderer Bereich

Besuch aus Südafrika

Popocatepetl spuckt Asche

Drama am Jangtse

Tauwetter zwischen Moskau und Kiew

Quer durch Australien

Zugunglück bei Kairo

Sibirien – das Naturwunder

Indianer drohen mit Selbstmord

ap RIO DE JANEIRO. Mit einem Massenselbstmord haben fast 100 brasilianische Indianer gedroht, falls sie ihr Land entsprechend einer Gerichtsentscheidung verlassen müssen.

Die Könige der Wüste

Das extreme Leben der Tuareg: Sie ziehen durch die größte Wüste der Welt – die Sahara ist 30-mal so groß wie Deutschland.

Silvester in New York
28.12.2008 – 03.01.2009

Entlang des Amazonas

China verbraucht immer mehr Öl

Einmal noch nach Bombay …

Mount Everest

Unbeschreiblich muss die Faszination sein, die von diesem König der Berge ausgeht.

Flaggen-Quiz

1. Zu welchen Ländern gehören die Flaggen? Schreibe die Ländernamen darunter.

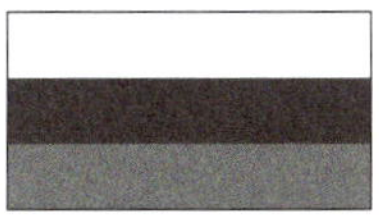
1 ______

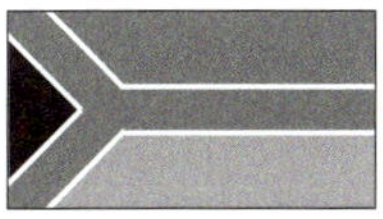
2 ______

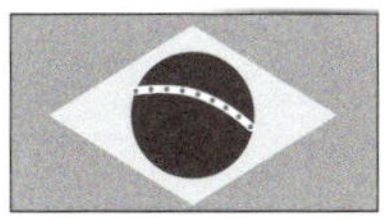
3 ______

4 ______

5 ______

6 ______

7 ______

8 ______

9 ______

10 ______

11 ______

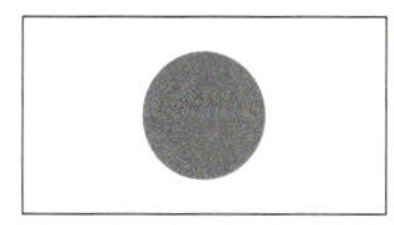
12 ______

13 ______

2. Auf welchen Erdteilen liegen die Länder?
Trage die entsprechenden Ziffern der Flaggen in die Karte ein.

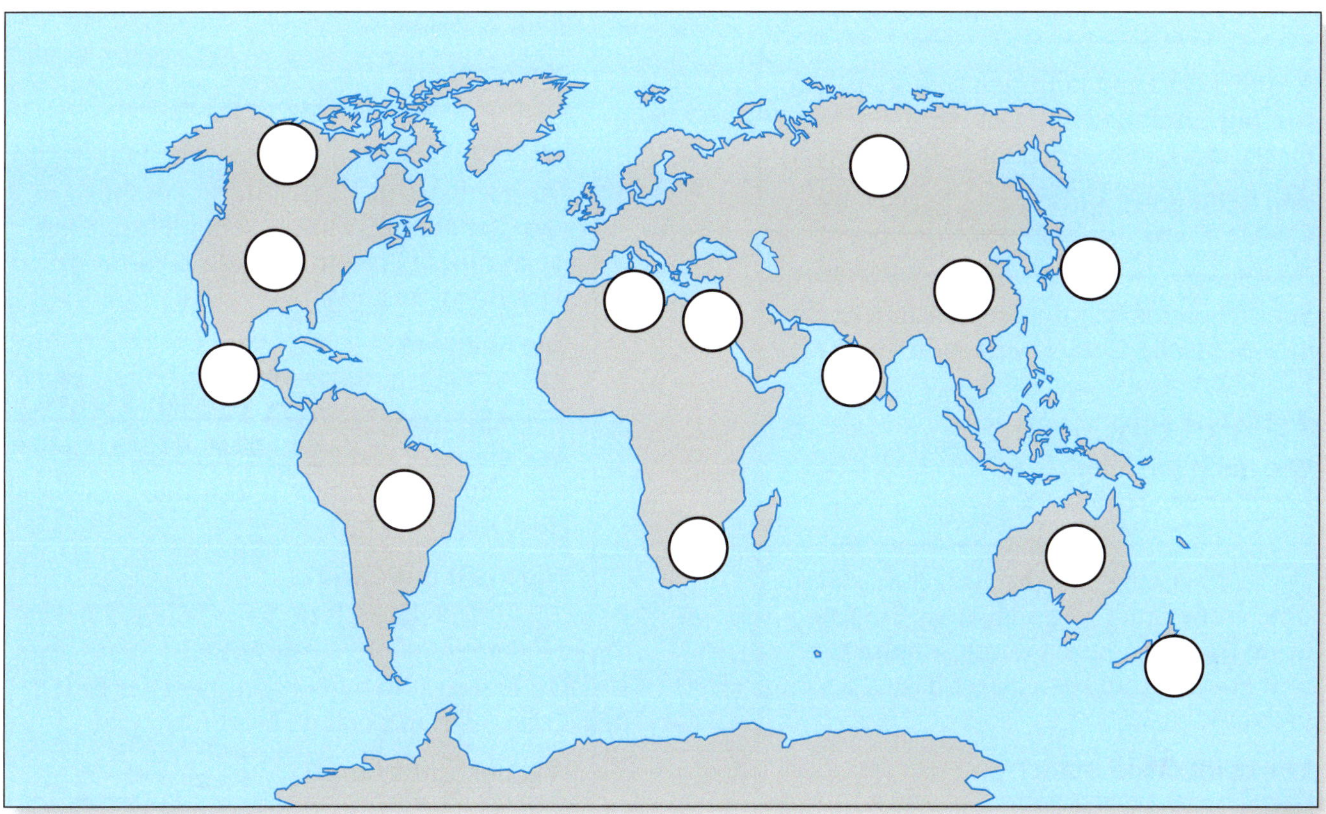

Wo bin ich? – Ein Ratespiel

Spielregeln
Jede Spielerin/jeder Spieler darf im Wechsel eine Ereigniskarte von dem Blatt vorlesen. Es ist sinnvoll, der Reihe nach vorzugehen, um keine Frage auszulassen.
Zur Beantwortung der Frage sind mehrere Hinweise im Text gegeben.

Wer die Antwort schon vor dem letzten Hinweis geben kann, erhält **5 Punkte**.

Wird die richtige Antwort nach der Frage gegeben, gibt es **3 Punkte**.

Gewonnen hat, wer die meisten Punkte sammeln konnte.

Ihr könnt euch auch eigene Spielregeln ausdenken.
Und nun viel Spaß!

In dieser Stadt steht der Kreml, ein sehr bekanntes Gebäude. Du siehst das Gebäude vom Roten Platz aus.

Wie heißt die Stadt?

Du bist in Nepal. Hier befindet sich der höchste Berg der Erde.

Wie heißt er?

Aus diesem Land kommen sehr viele Autos. Sie fahren auch in Deutschland. Die Flagge des Landes zeigt eine rote Sonne.

Wie heißt das Land?

Schiffe, Autos, Computer und andere elektronische Geräte werden in diesem Land hergestellt. Es besteht aus einem Nord- und einem Südteil.

Wie heißt das Land?

Du machst eine Besichtigungstour durch eine große Stadt. Du siehst das Empire State Building, fährst durch Manhattan und Harlem und besichtigst das UN-Gebäude.

Wie heißt diese Stadt?

Du bist in einem asiatischen Land. Hier werden Teppiche geknüpft. Reis und Tee werden angebaut. Sein Name beginnt mit I.

Wie heißt das Land?

Du fährst mit der Transsibirischen Eisenbahn. Sie startet in einer sehr bekannten russischen Stadt. Es ist auch die Hauptstadt Russlands.

Wie heißt sie?

Du machst eine Fahrt mit einem Flussdampfer auf einem russischen Fluss. Dies ist Europas längster Fluss. Er beginnt mit dem Buchstaben W.

Wie heißt er?

Aus diesem Land kommt das Fast Food, ein schnelles Essen, z. B. Hamburger oder Hot Dogs.

Wie heißt das Land?

Du besteigst den höchsten Berg der Erde. Er ist 8872 m hoch. Er liegt in Asien.

Wie heißt das Land?

Ein Flussdampfer bringt dich von Shanghai flussaufwärts ins Landesinnere von China. Du fährst auf dem längsten Strom Asiens.

Wie heißt er?

Ein Ozeandampfer bringt dich von Kapstadt nach Melbourne.

Welchen Kontinent betrittst du am Ankunftsort?

Du besuchst den Kontinent südlich von Europa.
Hier liegt die Wüste Sahara.

Wie heißt der Kontinent?

Du nimmst an einer Wüstenrallye teil. Diese Wüste bedeckt ein Viertel des gesamten Kontinents, auf dem sie liegt. Sie ist die größte Wüste der Erde.

Wie heißt sie?

Du bist in Brasilien. Du machst mit einem kleinen Boot auf dem größten Fluss einen Ausflug in den Regenwald.

Wie heißt dieser Fluss?

Du machst eine Kreuzfahrt auf dem Atlantik von Europa nach Nordamerika. Im Hafen von New York legt ihr an.

Welches Wahrzeichen grüßt die Touristen?

Die Vereinigten Staaten von Amerika bestehen aus einzelnen Bundesstaaten. Einer davon liegt nicht auf dem Festland. Es ist eine Inselgruppe im Pazifik.

Wie heißt sie?

Du stehst auf dem Fuji, einem Berg mit 3776 m Höhe. In der Ferne siehst du Yokohama.

Wie heißt das Land?

Der kleine Kontinent südlich des Äquators ist für viele Einwanderer offen. Du triffst dort auf Ureinwohner.

Wie heißen diese?

Eine Flugreise bringt dich in den Serengeti-Nationalpark. Er liegt in Tansania, Ostafrika. Hier stehst du am Fuß des höchsten Berges von Afrika.

Wie heißt er?

In Afrika fließt der längste Fluss der Erde. Mit seinem Quellfluss Kagera ist er 6671 km lang. Er fließt durch Ägypten.

Wie heißt er?

In Nordamerika gibt es einen Fluss mit einem Doppelnamen. Er ist nach dem Nil und dem Amazonas der drittlängste Fluss der Erde.

Wie heißt er?

Nordamerika gefällt dir. Du lernst auf deiner Reise einige Bundesstaaten kennen.

Welche Bundesstaaten besuchst du?

Eine Fahrt mit der Transsibirischen Eisenbahn

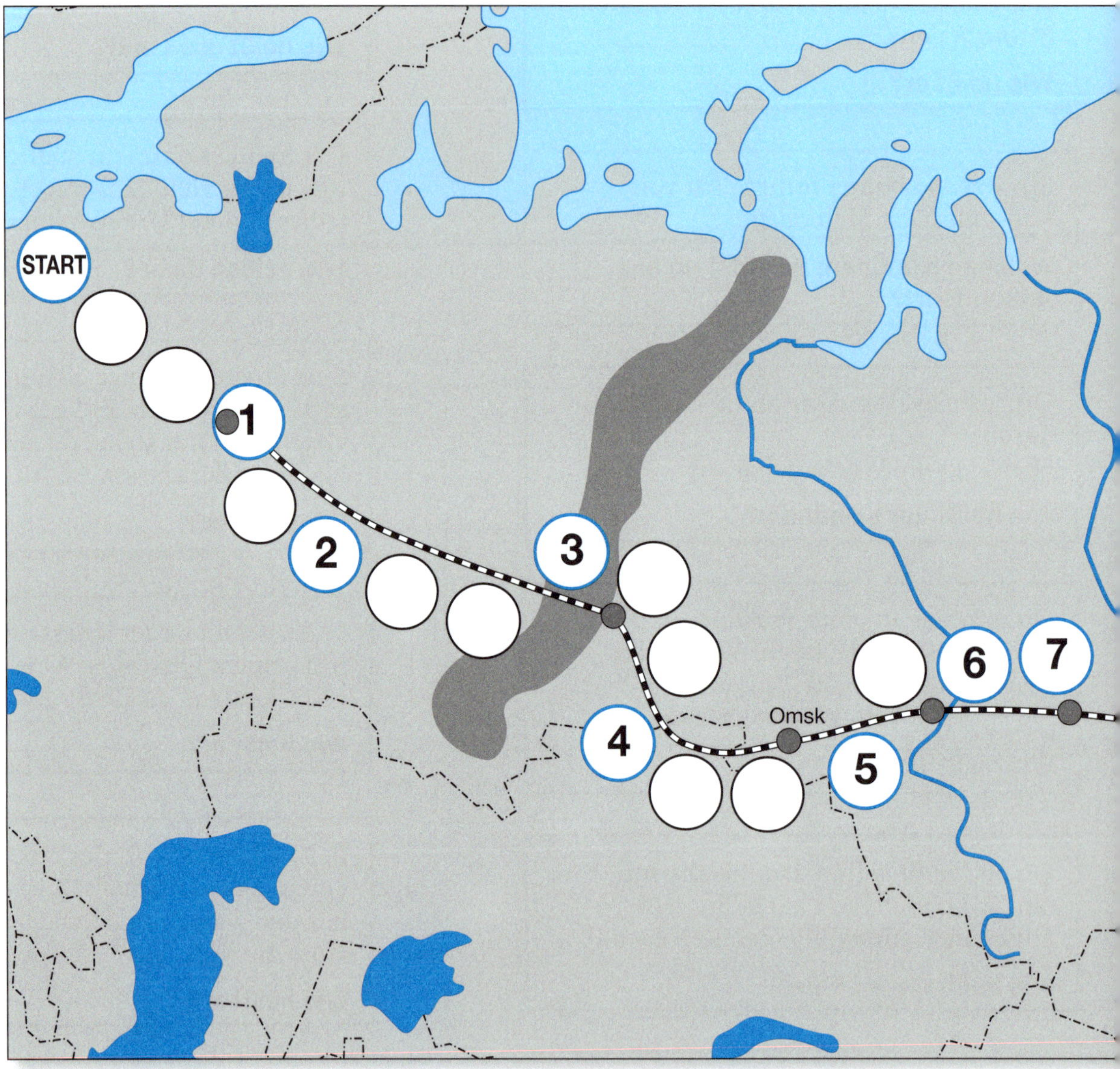

1. Wie heißt der Bahnhof, von dem die Transsibirische Eisenbahn startet?

2. Nenne den Namen der Stadt, in der die Bahn abfährt.

3. Wie heißt dieses Gebirge?

4. Wie lang ist die gesamte Bahnstrecke?

5. Welcher Fluss wird bei der Stadt Nowosibirsk überquert?

6. Die Bahn hält in Nowosibirsk. Wie heißt der nächste Ort auf der Strecke?

7. Wie viele Kilometer der Bahnstrecke sind elektrifiziert?

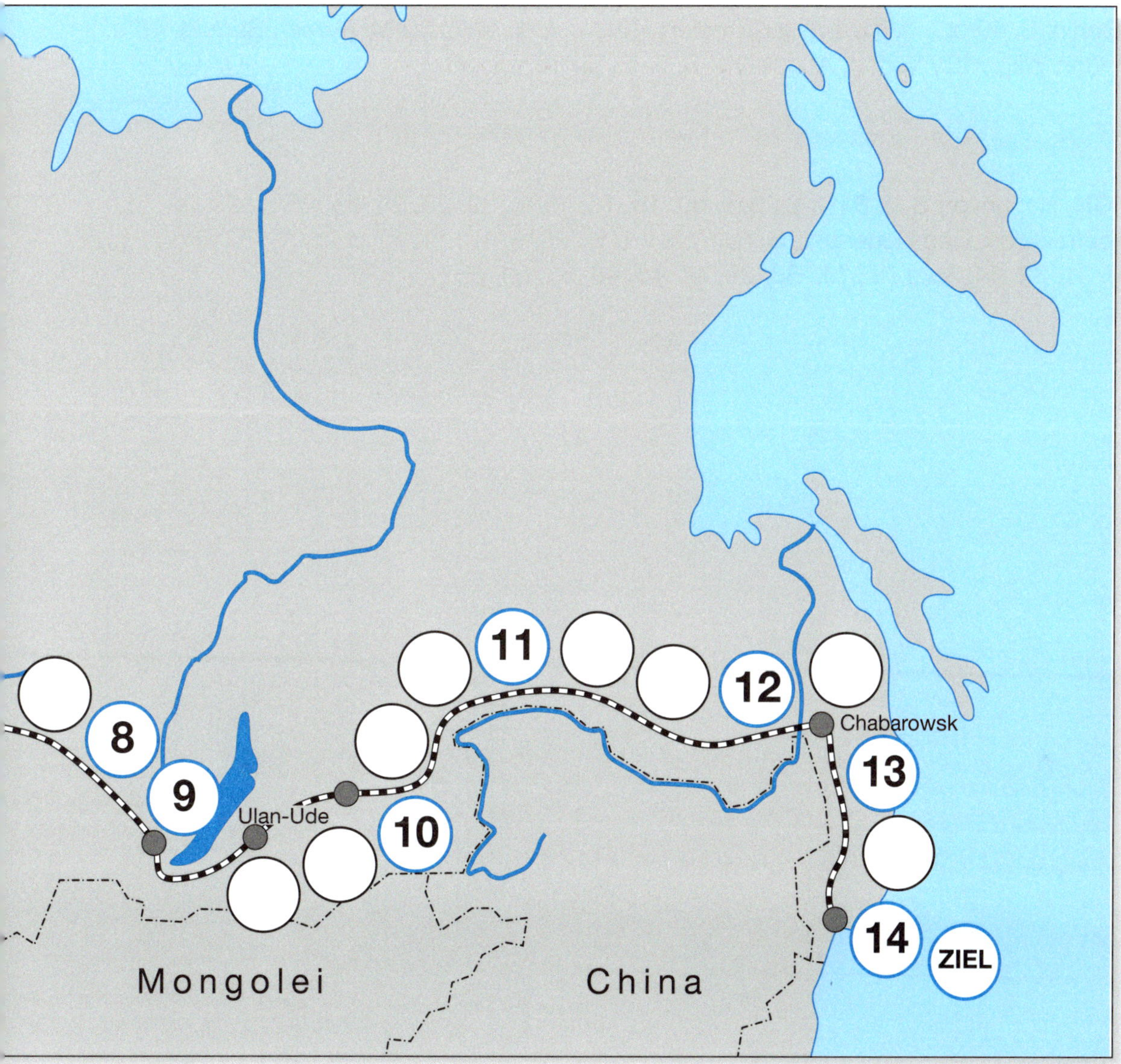

11. Wie viele Tage dauert die gesamte Reise?

8. Durch welches riesige Gebiet Russlands fährt die Bahn?

12. Welcher Fluss wird bei der Stadt Chabarowsk von der Bahn überquert?

9. Suche diesen See auf einer Atlaskarte. Wie heißt er?

13. An welchem Meer liegt Wladiwostok?

10. Nach wie vielen Jahren war die Bahnstrecke fertiggestellt?

14. Du kommst am Ziel der Reise an. Wie heißt diese Stadt?

Bildquellenverzeichnis:

Fotos:
© Fotolia.com, Berlin: S. 40/o. l. (Mike & Valerie Miller), 40/o. r. (Jan Will), 40/M. (Achim Baqué), 40/u. l. (staphy), 40/u. r. (Jan Will); MEV Verlag, Augsburg: S. 3, 6, 13, 20, 27, 36

Karten:
BSGRAFIKDESIGN, Hannover: S. 4, 5 (1., 2., 3. v. o.), 15, 16, 19/u., 22, 23, 24, 25, 26/u., 29, 33, 35/u., 37, 41, 47; Elisabeth Galas, Bad Neuenahr: S. 5 (1., 2. v. u.), 7, 8, 9, 10, 11, 12, 14, 17, 18, 19/o., 21, 26/o., 26/M., 28, 30, 31, 32, 34, 35/o., 35/M., 38, 39, 44, 45, 46, 51, 54, 55